FRANZIS EINFÜHRUNG

FRANZIS EINFÜHRUNG

Ing. Dieter Nührmann

Elektronische Grundschaltungen

Einfach – schnell – praktisch

Mit 31 Abbildungen

FRANZIS

CIP-Titelaufnahme der Deutschen Bibliothek

Nührmann, Dieter:
Elektronische Grundschaltungen: einfach – schnell – praktisch
/ Dieter Nührmann. – München: Franzis, 1989
(Franzis-Einführung)
ISBN 3-7723-7382-8

Umschlaggestaltung: Kaselow Design, München

Satz und Druck: Buch- und Offsetdruckerei Sommer GmbH, Feuchtwangen
Printed in Germany · Imprimé en Allemagne.

ISB N 3-7723-7382-8

Vorwort

Einfach wird die Elektronik, wenn wir die ersten Versuche selbst aufbauen. Sicher ein hautnaher „elektronischer Kontakt“. Dafür ist dieses Buch gedacht. Für den zehnjährigen Leser genauso wie für das vorgeschrittene Alter.

Wir benutzen preiswerte, elektronische Bauelemente, die in einem elektronischen Fachgeschäft zu kaufen sind. So ein Versuchsaufbau kostet weniger als zehn oder zwanzig Mark –; die Teile sind so universell, daß diese in den meisten Fällen auch für die übrigen Versuche benutzt werden können.

Möchten wir also die Elektronik in der Praxis erleben, so ist das ohne eigene, selbstaufgebaute Versuche kaum möglich: Das bedeutet Aufbauen von Schaltungen mit elektronischen Bauelementen ... und dann das Ausprobieren und Kennenlernen der Schaltung und die Eigenschaften bestimmter Bauelemente.

Auf den folgenden Seiten werden wir einfache, aber sehr aufschlußreiche Versuchsschaltungen vorfinden – Schaltungen, die wie gesagt mit wenigen Mitteln aufgebaut sind. Geringe handwerkliche Erfahrungen werden vorausgesetzt. Das Löten mit einem kleinen elektrischen Lötkolben und dem Lötdraht müssen wir üben.

Einige Hinweise sollten hierzu noch beachtet werden. Fangen wir am besten gleich mit den Erklärungen an.

Wichtiger Hinweis

Die in diesem Buch wiedergegebenen Schaltungen und Verfahren werden ohne Rücksicht auf die Patentlage mitgeteilt. Sie sind ausschließlich für Amateur- und Lehrzwecke bestimmt und dürfen nicht gewerblich genutzt werden*).

Alle Schaltungen und technischen Angaben in diesem Buch wurden vom Autor mit größter Sorgfalt erarbeitet bzw. zusammengestellt und unter Einschaltung wirksamer Kontrollmaßnahmen reproduziert. Trotzdem sind Fehler nicht ganz auszuschließen. Der Verlag und der Autor sehen sich deshalb gezwungen, darauf hinzuweisen, daß sie weder eine Garantie noch die juristische Verantwortung oder irgendeine Haftung für Folgen, die auf fehlerhafte Angaben zurückgehen, übernehmen können. Für die Mitteilung eventueller Fehler sind Autor und Verlag jederzeit dankbar.

---

*) Bei gewerblicher Nutzung ist vorher die Genehmigung des möglichen Lizenzinhabers einzuholen.

Inhalt

Das Werkzeug und was wir sonst noch brauchen

In der *Abb. 1* ist abgebildet, was erforderlich ist.

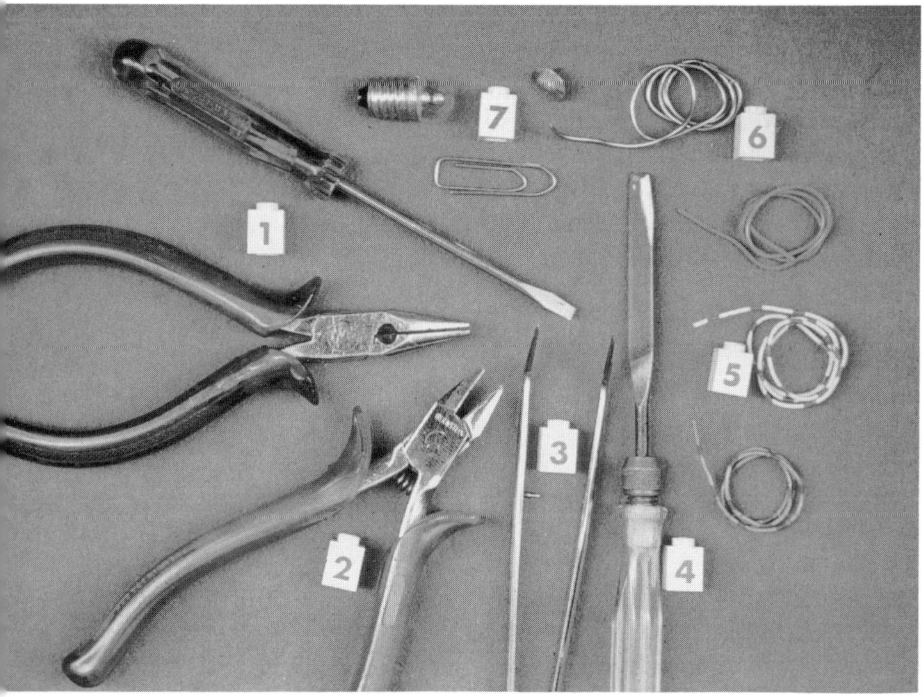

Abb. 1 Das Werkzeug

1. Ein kleiner Schraubendreher und eine Spitzzange – die Zange zum Drahtbiegen und als Löthilfe.
2. Ein Drahtschneider (Seitenschneider) zum Drahtabschneiden.
3. Eine Pinzette zum Festhalten der Bauelemente beim Löten.
4. Eine kleine Feile zum evtl. Säubern und Aufrauhen der Reißnägel vor dem Löten.

5. Verschiedenfarbige, isolierte Schaltdrähte, so, wie sie z. B. die Bundespost benutzt.
6. Der Lötdraht mit innenliegendem Flußmittel – wird natürlich zum Löten benutzt.
7. Hier erkennen wir drei Teile:
   - eine Büroklammer, die auf den Reißnagel gelötet wird und als Anschlußpunkt für die Stromzuführung benutzt wird.
   - die Reißnadel aus Eisen, vermessingt. Diese werden in die Holzbrettchen getrieben und als Lötstützpunkte für die Anschlüsse von Drähten und Bauelementen benutzt.
   - eine kleine Glühbirne mit den Daten 6 Volt/0,1 Ampere. Diese können wir als Rücklichtbirne im Fahrradgeschäft kaufen.

Des weiteren verwenden wir kleine Holzbrettchen, so, wie wir diese als „Grundlage“ auf den folgenden Seiten sehen. Ich habe dazu kleine Frühstücksbrettchen im Kaufhaus erstanden.

Das Löten

Ein zunächst ungewohntes Werkzeug ist der Lötkolben, in *Abb. 2* zu sehen.

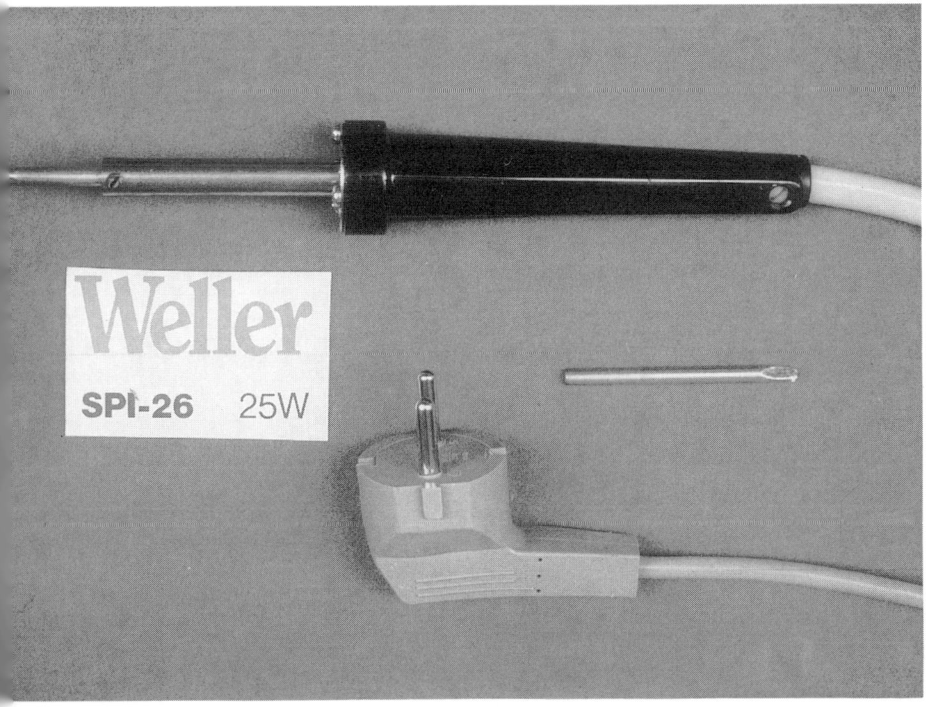

Abb. 2 Der Lötkolben

Hier von der Firma Weller ein 25-Watt-Lötkolben. Von den Firmen Ersa, Engel und weiteren werden diese ebenfalls hergestellt. Es ist nur darauf zu achten, daß die Lötkolbenleistung nicht unter 16 Watt und nicht über 30 Watt liegt. 25 Watt sind gerade richtig für uns. Dazu gehört der Lötdraht und eine gut verzinnte, saubere Lötspitze nach *Abb. 3*.

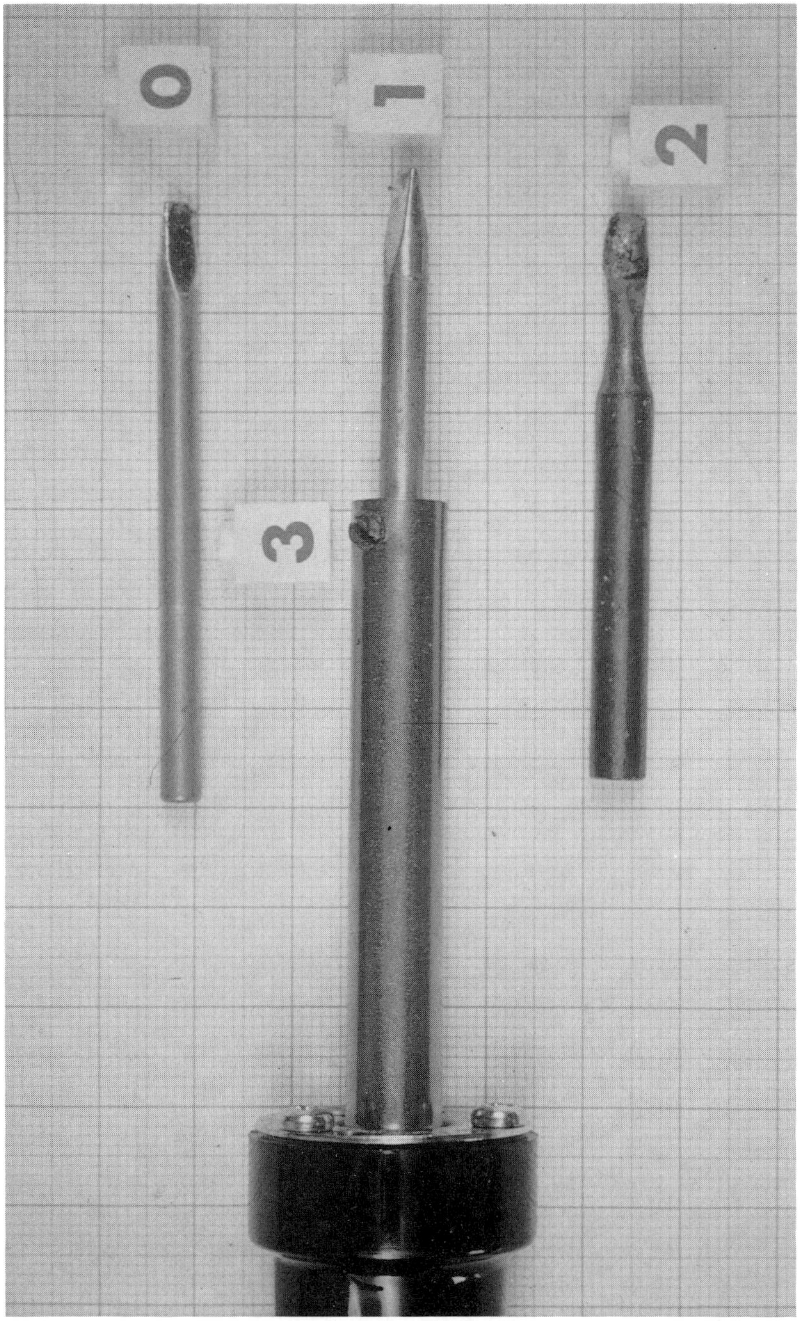

Abb. 3 Die Lötspitzen

Hier ist diese unter 1 zu erkennen. Mit der Schraube 3 können wir diese Lötspitze 0 aus dem Heizkörper des Lötkolbens herausziehen und evtl. ersetzen. Unter 2 ist eine schon etwas strapazierte Spitze zu sehen. Übrigens findet der Lötvorgang bei Temperaturen um 300 °C statt. Der Lötdraht schmilzt dann und wir können die Drähte mühelos auf die Reißnägel löten.

Das kann man wie folgt üben. Wir treiben ein paar Reißnägel in das Holz und erhitzen die Köpfe mit dem Kolben. Der Lötkolben benötigt ca. 3 Minuten Anheizzeit. Wir geben Lötzinn dazu und gleich wird festgestellt, daß dieses schmilzt und sich leicht auf der Oberfläche des Reißnagelkopfes absetzt. Jetzt kann mit der Pinzette ein Draht – der vorher auch verzinnt wurde – auf den Kopf gehalten werden und die Hitze des Kolbens verbindet den Draht mit dem Lötzinn auf dem Kopf des Reißnagels. So ein Lötvorgang dauert etwa fünf Sekunden. Wird länger gelötet, so schmilzt oft die Isolierung an den Drähten, oder den Bauelementen wird's zu heiß; sie gehen dann kaputt. Lötstellen, so wie diese richtig sind, zeigen die beiden *Abb. 4 und 5*. In der *Abb. 4* ist übrigens ein NTC-Widerstand, der noch näher erläutert wird, eingelötet und in der *Abb. 5* ein Transistor, von dem zwei Drahtanschlüsse zu erkennen sind.

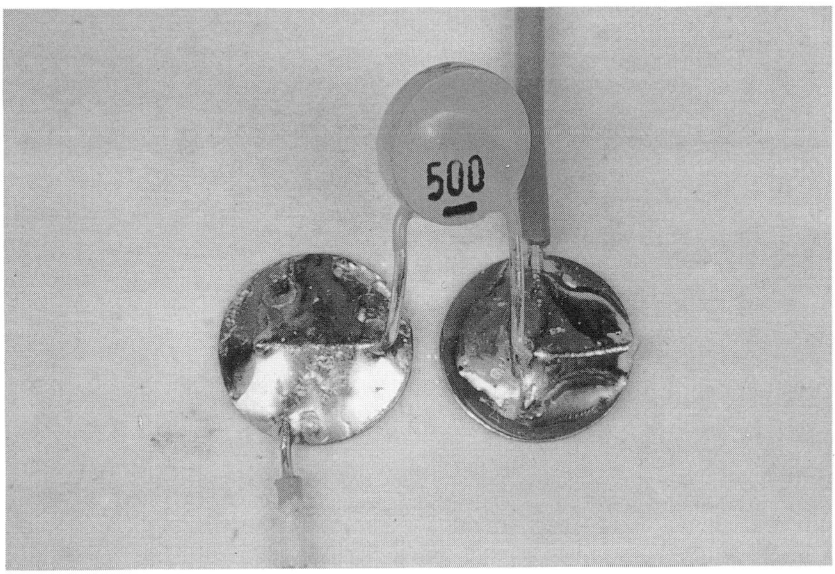

Abb. 4 Hier sind die Bauteile zusammengelötet

Abb. 5 Lötstellen mit Transistor

Jetzt noch ein Blick auf die *Abb. 6*. Hier sind zwei Schalter selbstgebaut worden.

Als Kontakte werden wieder Reißnägel benutzt, als Umschalt(feder) ein Blechanschluß einer 4,5-Volt-Taschenlampenbatterie. Die dort benutzten Messingbleche sind 6 mm breit und 0,25 mm dick. Diese werden so eingelötet, daß sie stramm auf den gewünschten Schalteranschluß gedreht werden können. Der Schalter in *Abb. 6* als Detail 1 ist geöffnet, die Schalterzunge hat weder mit dem oberen noch mit dem unteren Reißnagel Verbindung (Kontakt). Der Schalter 2 ist so geschaltet, daß er Kontakt mit dem unteren Reißnagel hat.

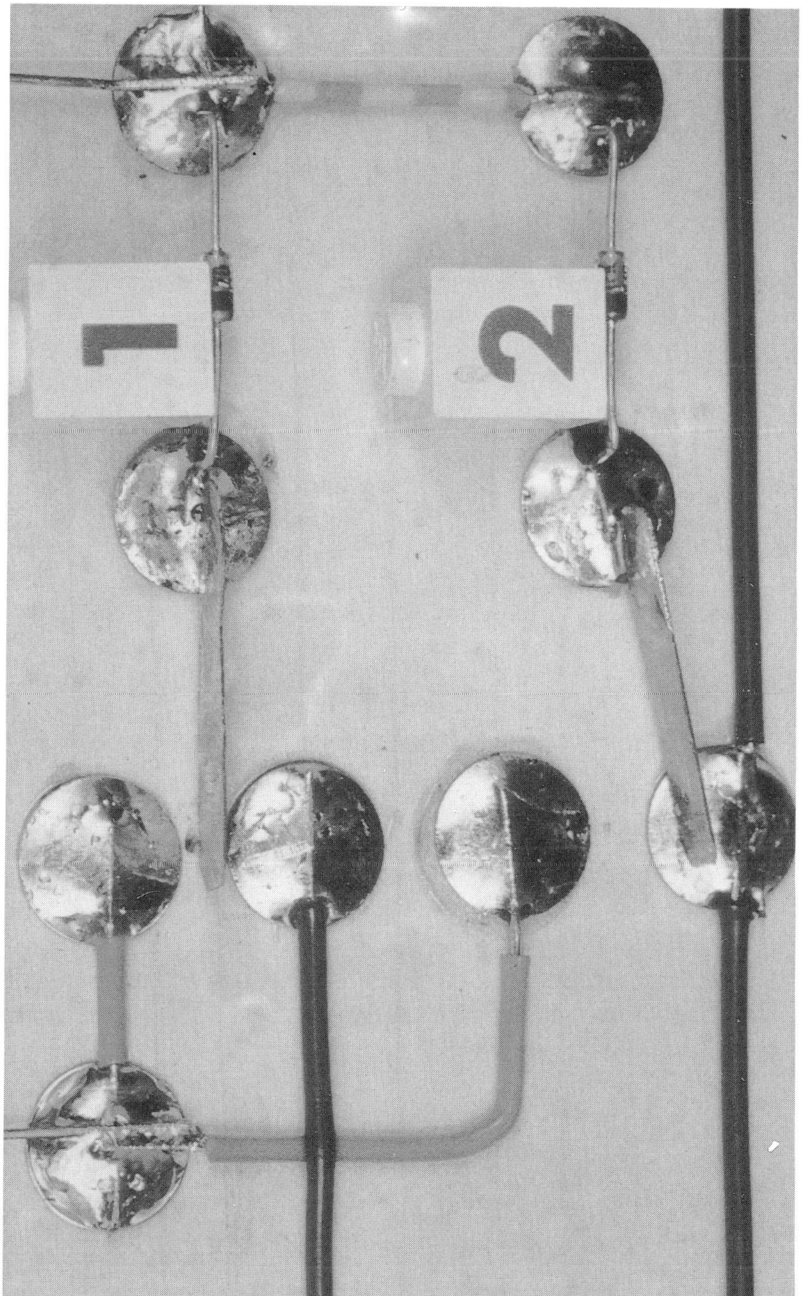

Abb. 6 Lötstellen und selbstgefertigte Schalter

Das elektronische Material – seine Schaltzeichen und Eigenschaften

Hier nun eine Kurzbeschreibung der wichtigsten elektronischen Bauelemente, die für unsere Grundschaltungen nötig sind.

● Anschlußverbindungen und Drähte

In der *Abb. 7* sind sogenannte Krokodilklemmen zu sehen.

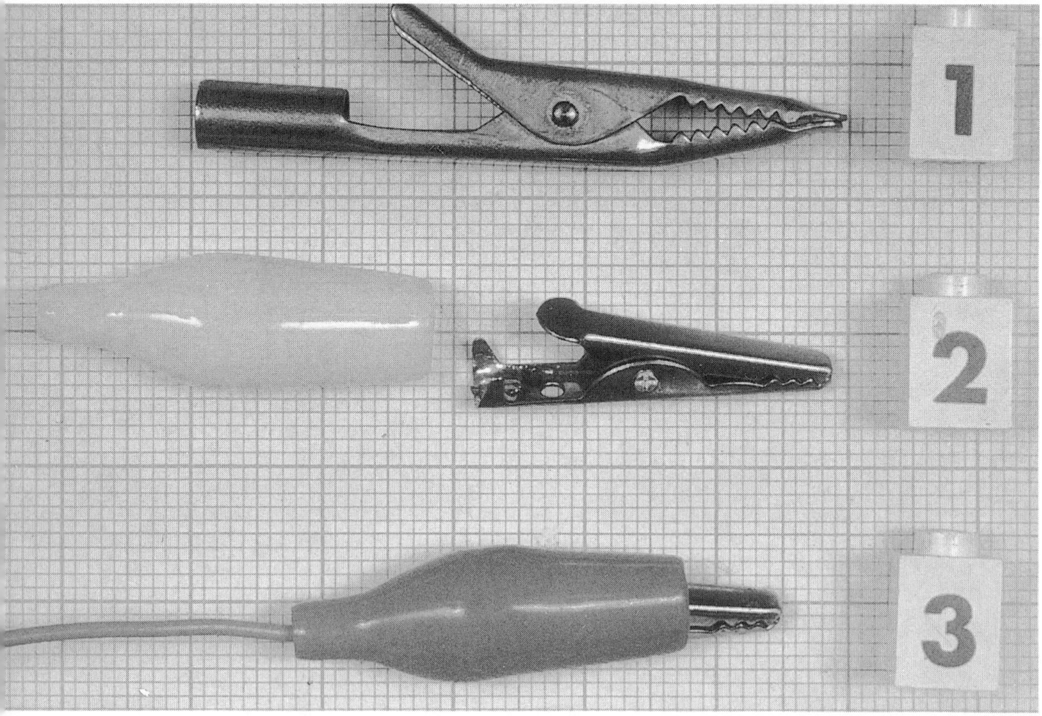

Abb. 7 Einige Klemmen

Unter 1 ist eine solche Greifklemme für Bananensteckeranschluß zu sehen. Detail 2 zeigt eine nützliche Mikroklemme für Lötanschluß, die fertig montiert unter 3 zu sehen ist. Diese Klemmen dienen dem Anschluß der Versorgungsspannungen, also von der Batterie zur „Büroklammer“ des Brettaufbaues. Die Drähte lassen sich am freien Ende gut auf die Kontaktbleche der 4,5-Volt-Taschenlampenbatterie löten.

Der Elektroniker zeichnet den Draht in einer Schaltungsvorlage – dem „Strickmuster“ – als Linie

Wird an den Draht ein weiterer gelötet, so sieht das so aus:

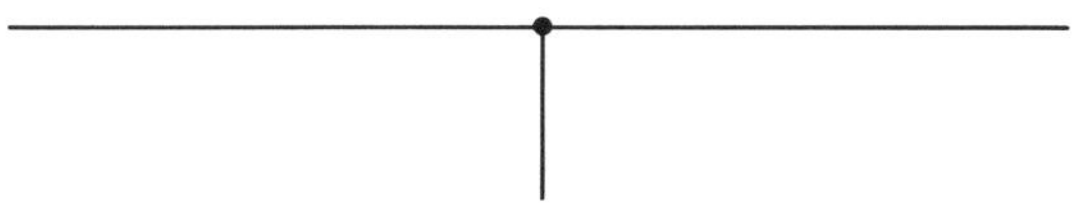

Kreuzen sich zwei Leitungen ohne Verbindung, so entsteht folgendes Bild:

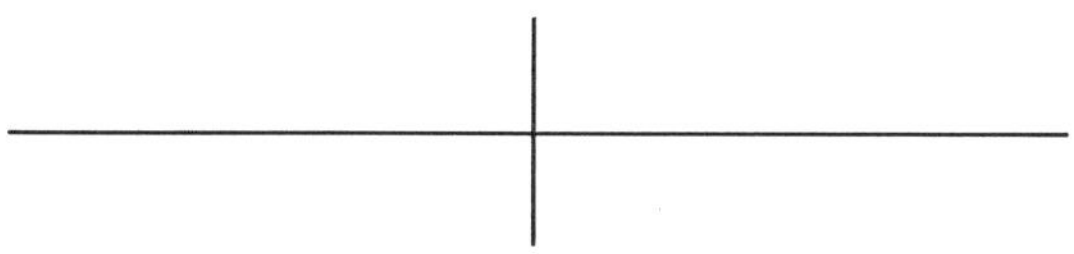

Ein Anschluß – die „Büroklammer“ – wird wie folgt gezeichnet:

oder

Löten wir ein Bauelement ein, so gibt's zwei Möglichkeiten. Entweder

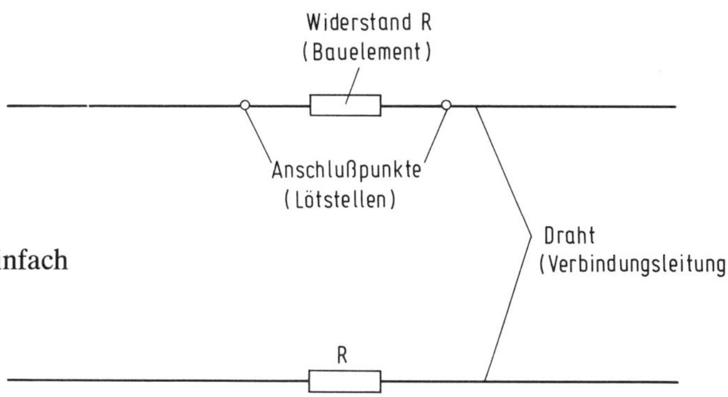

oder einfach

Der Profi und wir benutzen die letzte Möglichkeit

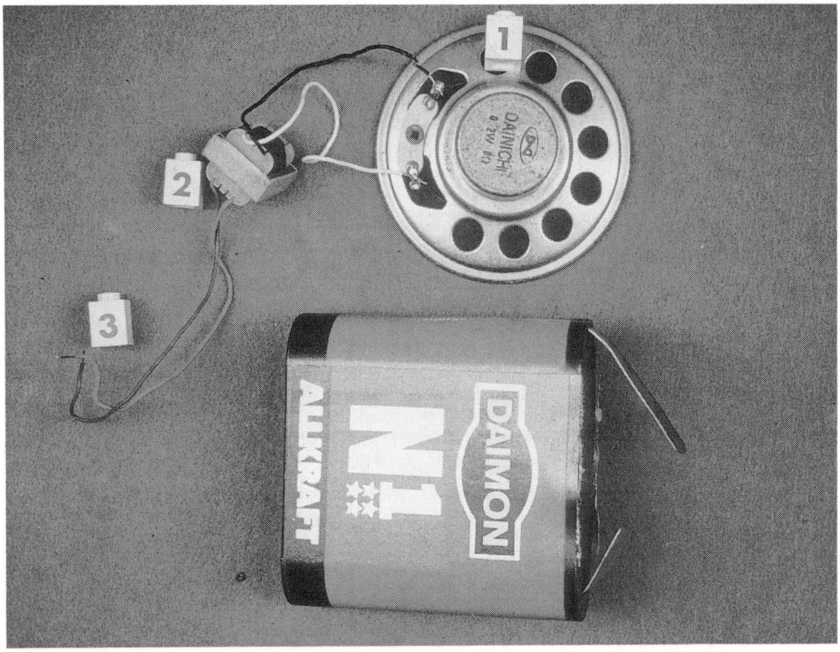

Abb. 8 Spannung aus der Batterie

● Die Batterie als Spannungsversorgung

Für die Versuche braucht der Elektroniker eine Versorgungsspannung als Energiequelle. Am sinnvollsten nehmen wir, wie in *Abb. 8* zu sehen ist, die altbewährte Taschenlampenbatterie.

Je nach Versuch werden 1 bis 3 Batterien verwendet. Diese werden dann in Serie geschaltet. Die Serienschaltung addiert die Spannungen der einzelnen Batterien. So erhalten wir bei
1 Batterie = 4,5 Volt

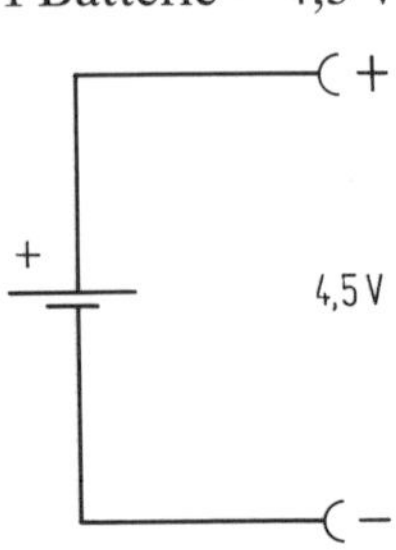

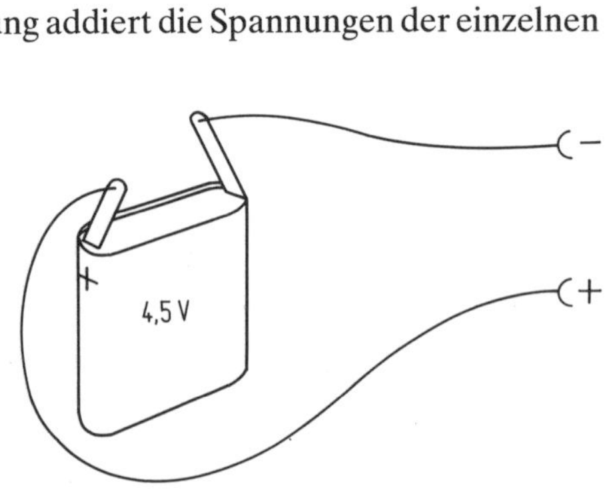

2 Batterien = 9 V

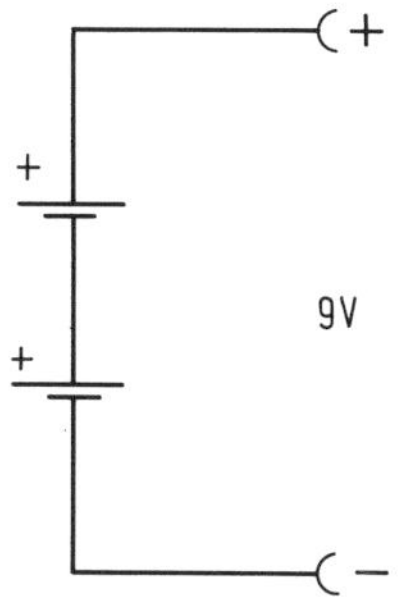

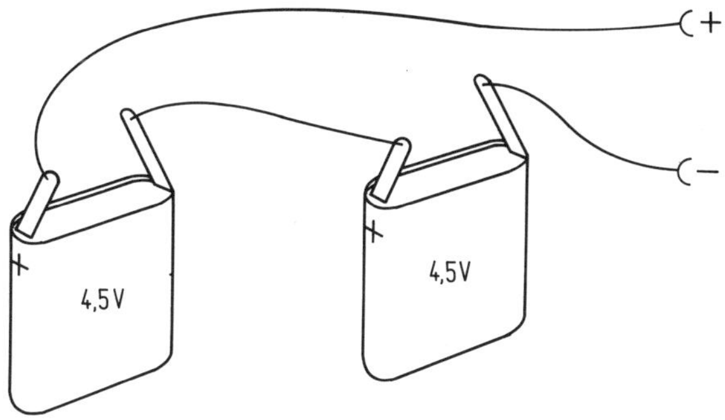

3 Batterien = 13,5 V

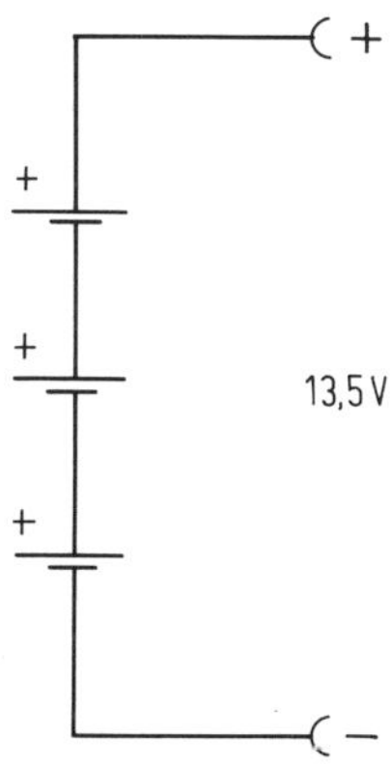

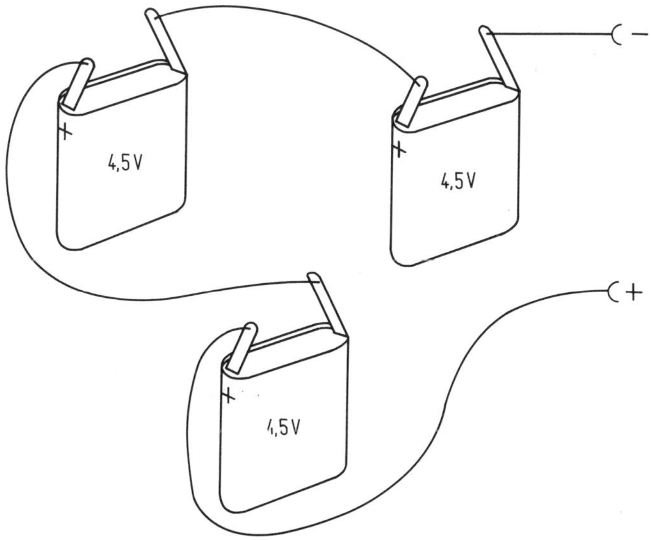

Natürlich gelten die Werte nur für neue Batterien. Das Symbol der Taschenlampenbatterie ist also

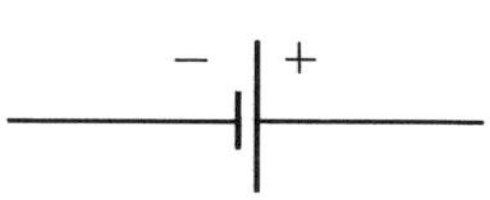

Dabei ist es wichtig, daß die Batterie immer richtig gepolt an die Schaltung angeschlossen wird. Entgegen dem Schaltsymbol hat die Batterie in *Abb. 8* als Plus(+)Pol den kurzen Blechstreifen. Der Minus(−)Pol ist dementsprechend dann der lange Streifen.

● Lautsprecher und Kopfhörer

Für unsere Versuche eignet sich am besten der 4000 Ω (4 kΩ)-Kopfhörer. Nach *Abb. 8* können wir aber auch einen kleinen Lautsprecher benutzen – Detail 1 –, einen Lautsprechertrafo 2 dazwischenschalten und die Anschlüsse des Trafos 3 für den Anschluß in der Schaltung vorsehen. Wir lassen uns am besten im Radiogeschäft beraten mit der folgenden Schaltung:

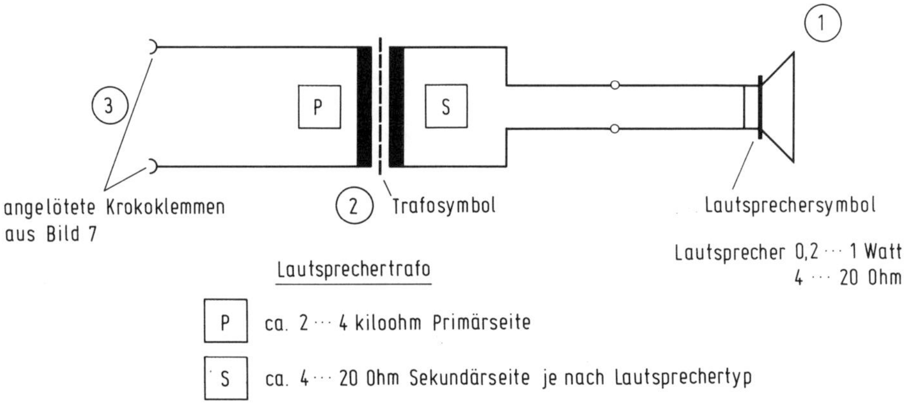

● Der Transistor

Für die Versuche werden nach Leistungen abgestuft drei Typen von Transistoren verwendet. Siehe dazu die *Abb. 9*, Detail 1 ... 3.

Der 2 N 3055 (1); der BC 360-16 (2) und der BC 107 C (3).

Selbstverständlich kann uns der Fachhändler auch ähnliche (äquivalente) Typen geben. Zum Beispiel für den BC 107 C die Typen BC 548 C, BC 549 C oder BC 550 C, wobei der BC 107 C ein Metallgehäuse besitzt. Die Vergleichstypen haben ein Kunststoffgehäuse. Dann lassen wir uns aber immer, um Irrtümer von vornherein auszuschalten, das Anschlußbild aufzeichnen. Der Transistor hat drei Anschlüsse. Sie heißen Emitter (E), Kollektor (C) und Basis (B). Im Schaltbild sieht das so aus:

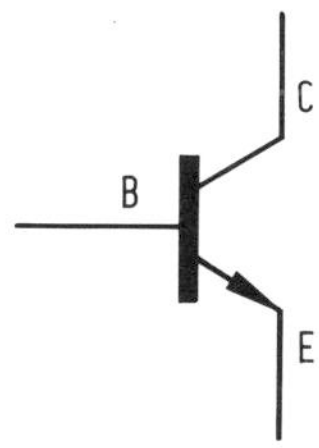

Die Anschlußfolge ist bei den beiden von uns benutzten Transistoren BC 360-16 und BC 107 C gleich. Von oben auf die Anschlüsse gesehen gibt es am Gehäuseboden eine Außenkerbe, welche die Zählrichtung wie folgt vorgibt:

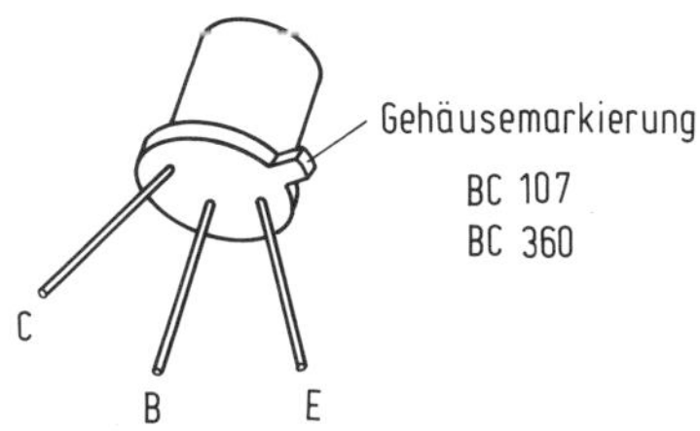

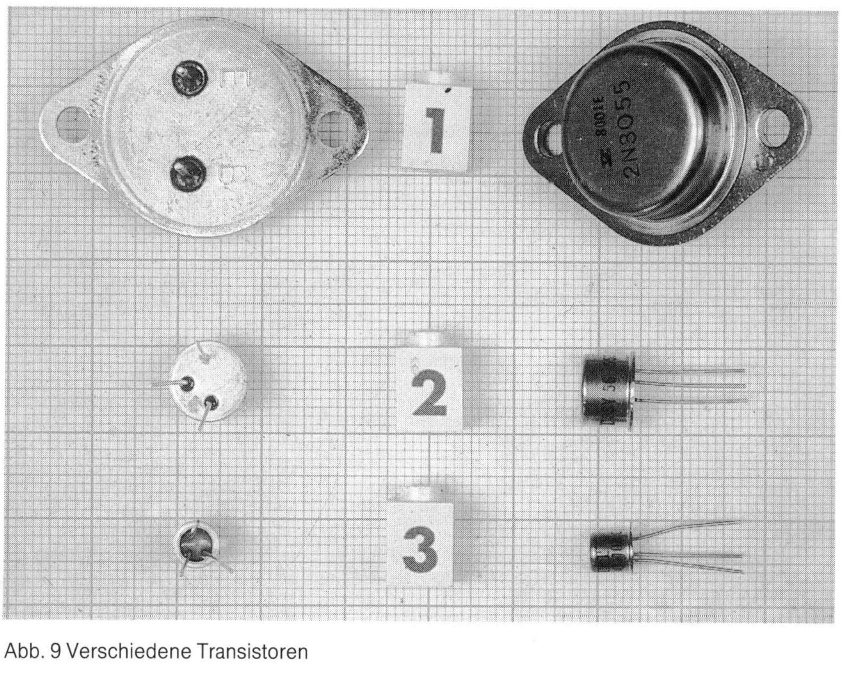

Abb. 9 Verschiedene Transistoren

Beim 2 N 3055 sieht es anders aus. Das Gehäuse ist bereits der Kollektoranschuß, den wir mit einer 3-mm-Gewindeschraube und unterlegtem Schaltdraht verbinden können. Emitter- und Basisanschluß finden wir dann wie folgt:

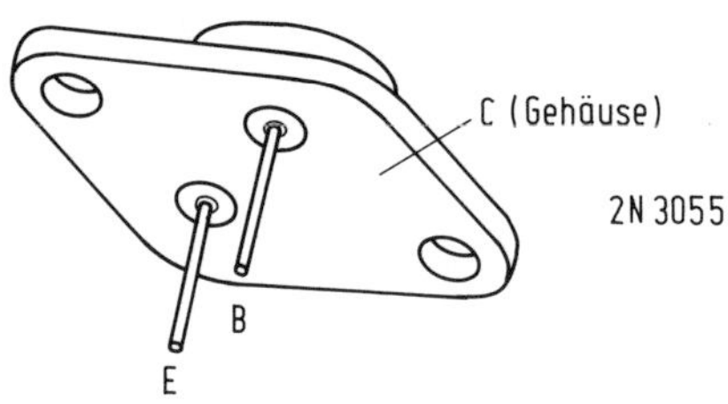

● Die Diode

Zwei Typen benutzen wir. Eine Germaniumdiode AA 143 – oder ähnlich – und eine 1 N 4001 – oder ähnlich –. In *Abb. 10* ist oben eine Diode 1 N 4001 abgebildet.

Der einseitig aufgebrachte weiße Ring kennzeichnet den sogenannten Katodenanschluß. Die Diode hat folgendes Schaltbild:

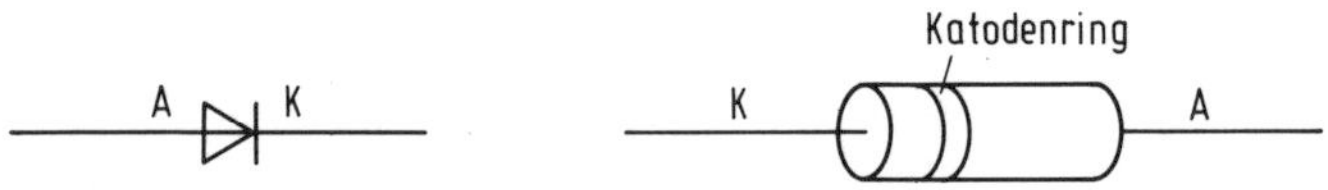

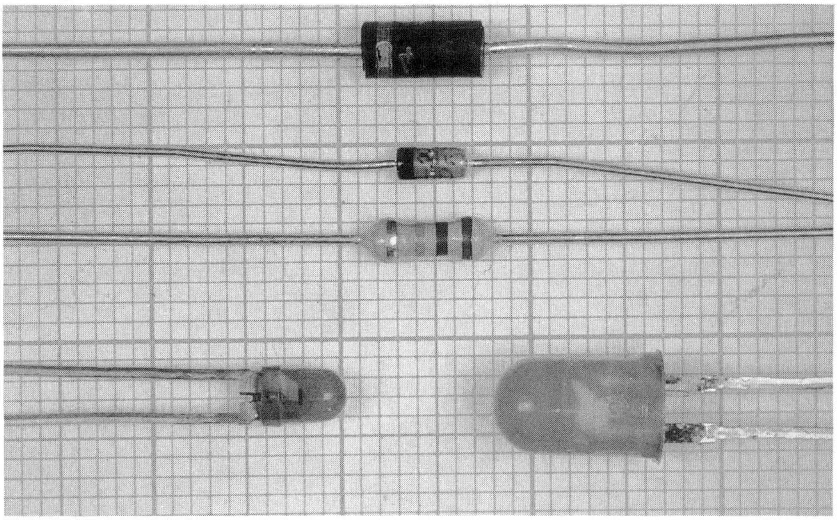

Abb. 10 Dioden und Leuchtdioden

mit der Bezeichnung K = Katode und A = Anode. In derselben *Abb. 10* ist darunter eine weitere Diode abgebildet, hier einmal mit einem schwarzen „Katodenring“. Die Farbe Weiß oder Schwarz hat keine Bedeutung.

● Die Leuchtdiode

Ebenfalls ist zu sehen in *Abb. 10* unten eine große und eine kleine (rote) Leuchtdiode. Diese haben folgendes Schaltbild:

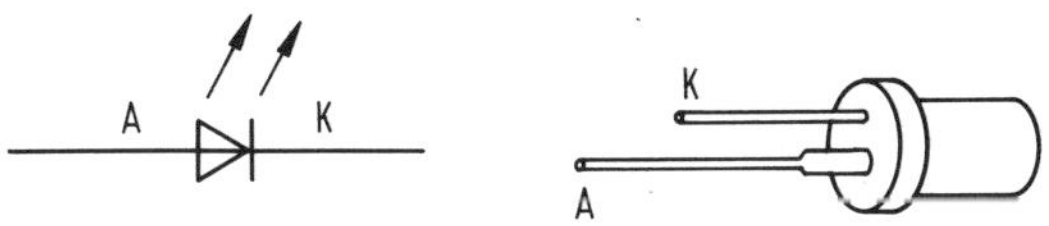

Wo der Katoden- oder Anodenanschluß liegt, werden wir in den Versuchen „austesten“, also untersuchen, da die Industrie hier verschiedene Merkmale – etwas verwirrend – bereithält. Oftmals ist der längere Draht die Anode.

● Der Widerstand

Auch in *Abb. 10* ist dieser in der Mitte abgebildet. Er hat die Einheit Ohm (1 000 Ohm = 1 KiloOhm). Das Zeichen für Ohm ist Ω. Das Schaltbild sieht wie folgt aus:

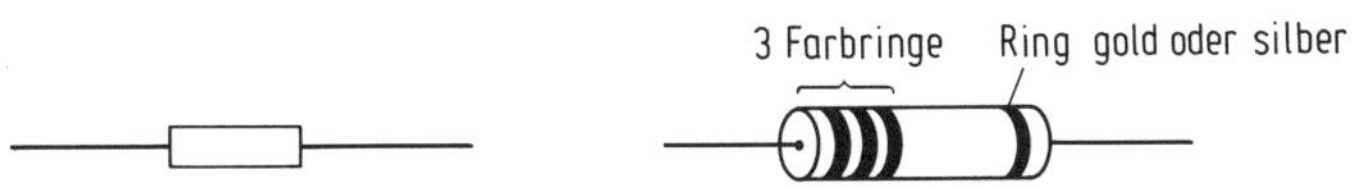

Wir erkennen auf dem Foto vier Farbringe, die seinen Wert darstellen:

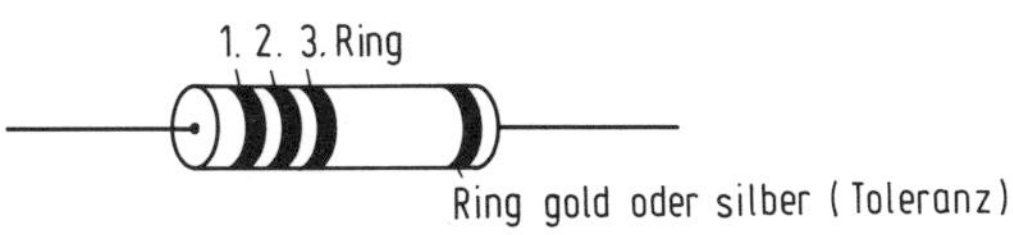

Dazu merken wir uns folgendes. Uns interessieren nur die ersten drei eng aneinander liegenden Ringe ... den vierten (silber oder gold) vergessen wir. (Für denjenigen, der es genau wissen will: Der 4. Ring kennzeichnet den Toleranzwert). Wir lesen

Farbe	1. Ring	(erste Zahl)
Farbe	2. Ring	(zweite Zahl)
Farbe	3. Ring	(Zahl der Nullen)
Wert	x x x	

Hinter den Farben verbergen sich die folgenden Zahlen:

schwarz	= 0
braun	= 1
rot	= 2
orange	= 3
gelb	= 4
grün	= 5
blau	= 6
violett	= 7
grau	= 8
weiß	= 9

Für die Nullen des dritten Farbringes folgende Hilfestellung:

braun	(eine Null)	100 Ω	– Werte
rot	(zwei Nullen)	1 kΩ ...	9,99 kΩ – Werte
orange	(drei Nullen)	10 kΩ ...	99,9 kΩ – Werte
gelb	(vier Nullen)	100 kΩ ...	999 kΩ – Werte
grün	(fünf Nullen)	1 MΩ ...	9,99 MΩ – Werte

Es bedeuten: kΩ = KiloOhm
MΩ = MegaOhm

Beispiele:
Ring:

1	2	4	Ergebnis
rot	rot	rot	2,2 kΩ
rot	violett	braun	270 Ω
braun	grau	gelb	180 kΩ
gelb	violett	orange	47 kΩ

In der *Abb. 10* ist somit der Widerstand braun-grün-orange = 15 000 Ω = 15 kΩ groß.

● Ein lichtabhängiger Widerstand – LDR genannt

Die *Abb. 11* zeigt uns einige Typen, so wie wir diese kaufen können.

Fällt auf die kammartige Struktur Licht, so wird der Widerstand an den beiden Anschlußdrähten sehr klein – bei Dunkelheit sehr groß. Auf diese Art werden elektronische Schaltungen mit Licht beeinflußt – ein Teil der sogenannten Optoelektronik. Das Schaltbild sieht so aus:

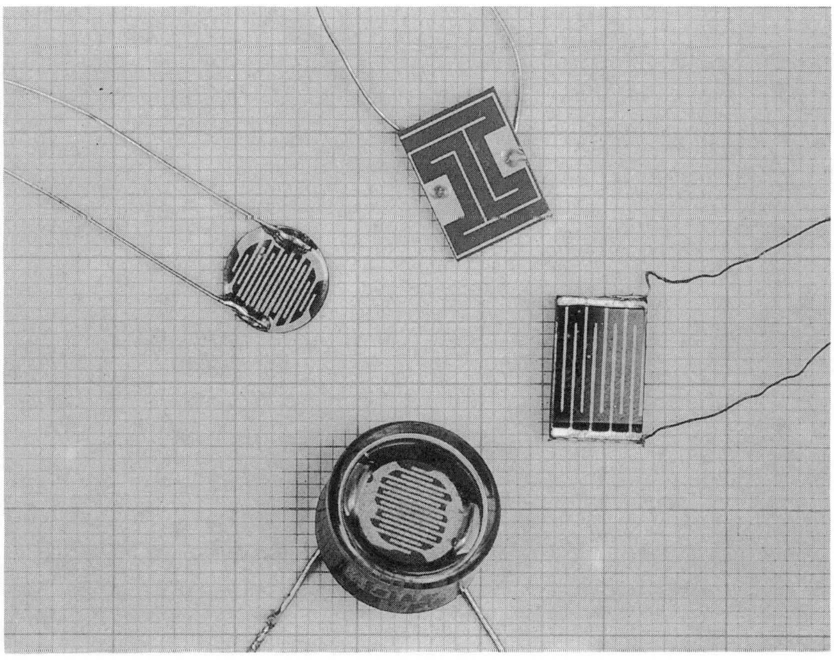

Abb. 11 Lichtabhängige Widerstände

● Kondensatoren

Diese sind in *Abb. 12* zu sehen.

Zunächst die Elkos (Detail 1), die Elektrolytkondensatoren, mit Kapazitätswerten von 10 µF ... 4700 µF. Das Zeichen µ wird als „mikro" ausgesprochen, das F heißt Farad – die Einheit des Kondensators. Das Schaltbild dazu

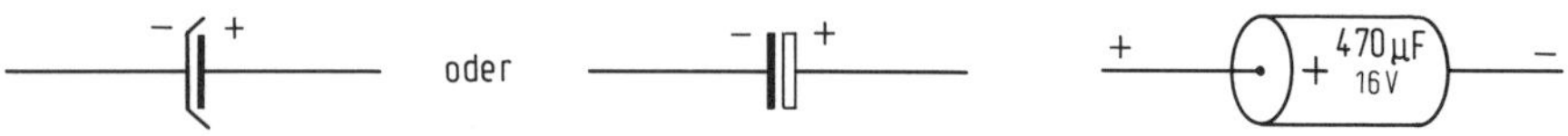

läßt erkennen, daß es sich um ein gepoltes Bauelement handelt, also den Pluspol oder Minuspol immer beachten. Sie sind durch ein Plus(+)- oder Minus(−)-Zeichen auf den Elkokörper aufgedruckt. Das Detail 2 zeigt unten den Folienkondensator mit achsialen Anschlüssen, schließlich ist unter 3 der Folienkondensator mit unten herausgeführten Anschlüssen zu sehen. Diese

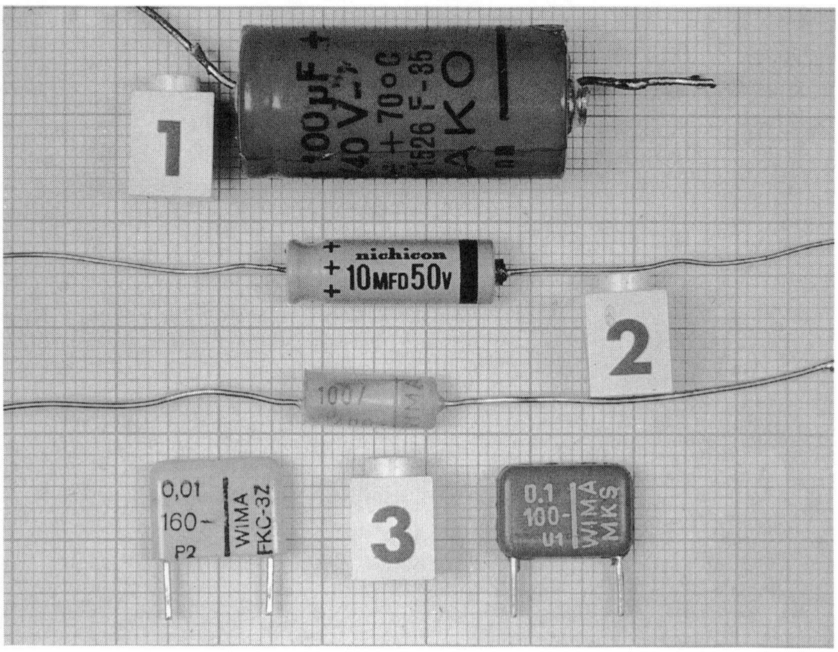

Abb. 12 Verschiedene Elektrolyt-Kondensatoren

Kondensatoren haben keine besondere Polung, ihr Schaltzeichen sieht so aus:

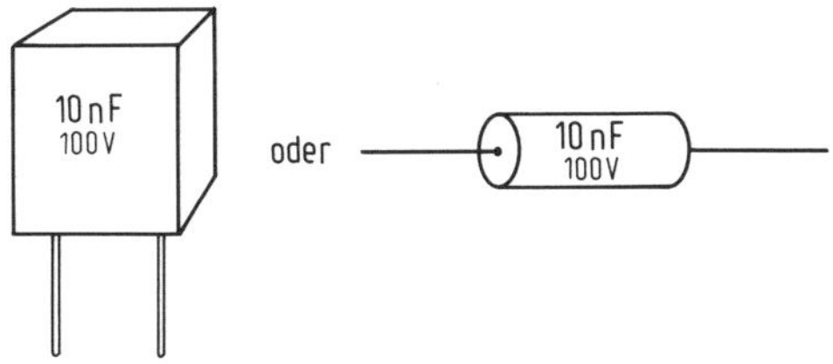

● Das Potentiometer

Es ist ein veränderlicher (Dreh-)Widerstand mit der Funktion, die wir vom Lautstärkeregler des Radios kennen. Die *Abb. 13* weist das Potentiometer mit drei Lötanschlüssen – hier bereits eingebaut in eine Schaltung – aus, charakteristisch die Drehachse.

Sein Schaltbild:

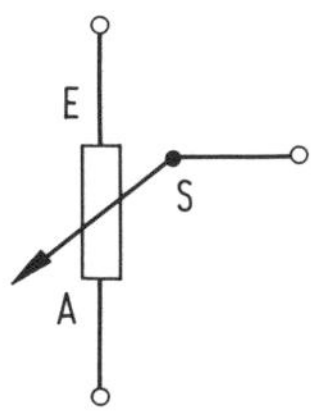

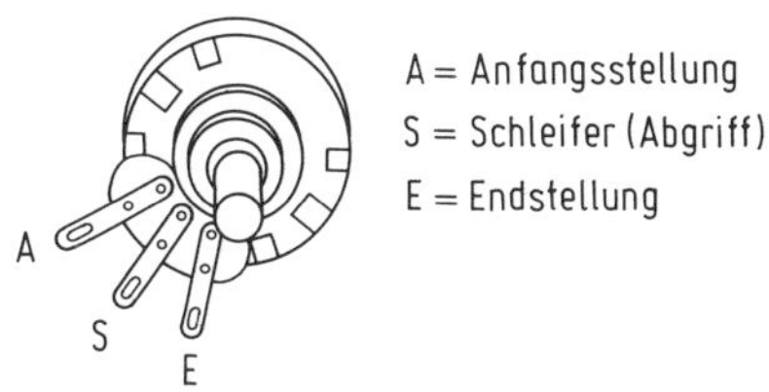

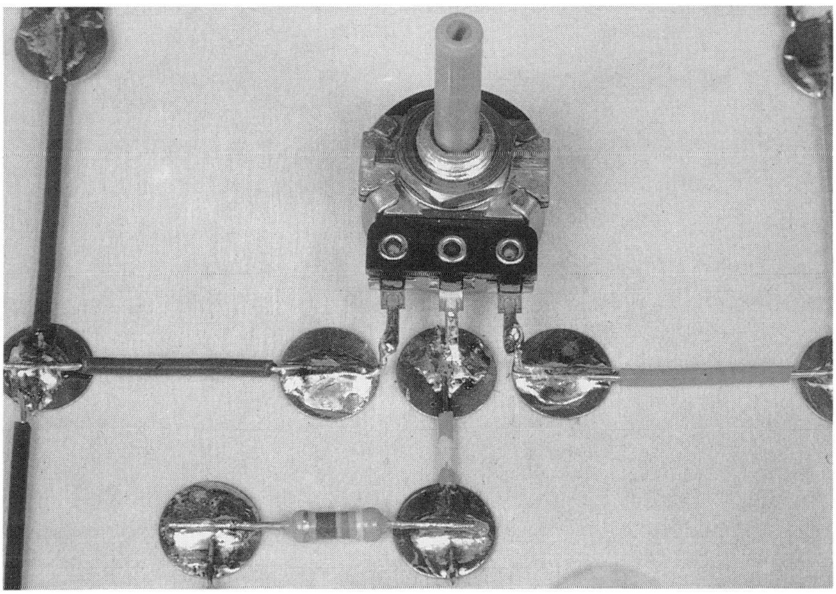

Abb. 13 Der veränderbare Widerstand (Potentiometer)

Abb. 14 Der veränderbare Kondensator (Drehkondensator

● Der Drehkondensator

Dieser ist in *Abb. 14* ebenfalls schon in einer kleinen Radioschaltung zu sehen. Der Drehkondensator ist ein veränderlicher Kondensator. Er dient zur Senderabstimmung des Radios.

Sein Schaltbild:

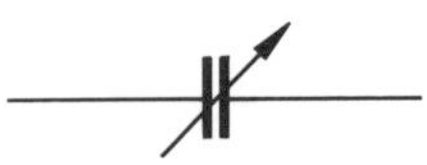

Nun die Schaltungen

Alle Aufbauten werden auf kleine, weiche Holzbrettchen aufgebracht. Die nachfolgenden Abbildungen lassen ganze oder halbe „Frühstücksbretter" erkennen. Die Lötpunkte sind Reißnägel, vermessingt, auf denen sich die Drähte der Bauelemente, aber auch die weiteren Verbindungsdrähte, gut löten lassen. Büroklammern, an Reißnägel gelötet, bilden die Anschlüsse, an welche die Krokoklemmen von *Abb. 7* Kontakt geben von den Batterien, oder z. B. zu dem Lautsprecher.

Die gezeigten Schaltbilder der Aufbauten entsprechen dem Draht- und Bauteileplan der Abbildungen. Auch wenn die Schaltbilder oft eine andere Lage der Bauelemente aufweisen, so sind diese im Anschlußverlauf dennoch identisch mit dem Brettaufbau der Abbildung – das ist schnell herauszufinden.

Die Schaltungen werden im nachstehenden kurz kommentiert, aber nicht soweit ins Einzelne gehend, daß es jedermann völlig verständlich sein muß. Das würde den Rahmen des Buches sprengen.

Alle Schaltungen können mit 1 ... 3 Taschenlampenbatterien von je 4,5 Volt betrieben werden.

Eine einfache Schaltung, um eine Spannung zu teilen – der Spannungsteiler

In der Elektronik werden oftmals kleinere Spannungen benötigt, als z. B. eine Batterie oder eine Spannungsquelle zur Verfügung hat. Dazu dient der Spannungsteiler. In der vorliegenden Abbildung besteht der Spannungsteiler aus den beiden Glühlampen 3 und 4. Beide Glühlampen sind in Serie geschaltet. Wird jetzt an den Klemmen 0 und 1 eine 4,5-Volt-Taschenlampenbatterie angeschlossen, so erhalten die Lampen 3 und 4 jeweils die Hälfte der 4,5 Volt, nämlich 2,25 Volt. Das setzt natürlich voraus, daß beide Lampen gleiche elektrische Werte haben. Erkennen können wir das folgendermaßen. Ist der Schalter 2 weder nach oben noch nach unten geschaltet, so brennen beide Lämpchen 3 und 4 dunkel. Wird der Schalter 2 jetzt z. B. nach oben geschaltet, so können wir erkennen, daß die Lampe 3 kurzgeschlossen ist. Der Stromkreis erfolgt jetzt direkt von 0 aus über den Schalter 2 unter Umgehung der Lampe 3 direkt zur Lampe 4 und von dort zum Punkt 1, zum anderen Pol der Batterie. In diesem Falle leuchtet die Lampe 4 sehr hell, denn sie erhält die volle Spannung der Taschenlampenbatterie. Wird im anderen Falle der Schalter 2 nach unten gestellt, so ist die Lampe 4 kurzgeschlossen und die Lampe 3 leuchtet entsprechend hell.

In der Elektronik werden natürlich anstelle der beiden Lämpchen andere Bauelemente benutzt, so z. B. im einfachsten Falle zwei Widerstände. Je nach Größe der Widerstände kann dann am Schalter Punkt C, also zwischen beiden Glühlämpchen, eine mehr oder weniger hohe Spannung abgegriffen werden. Somit begründet sich auch im Endeffekt die regelbare Funktion eines Spannungsteilers. Das kennen wir alle, es ist z. B. der Lautstärkeregler.

● Der Aufbau nach dem Schaltplan

Sehen wir uns den Schaltplan an, so ist da der Schalter 2 zu erkennen, den wir am besten aus den Reißnägeln und einem federnden Blechstreifen aus einer alten Taschenlampenbatterie bilden. Ansonsten wird der Aufbau si-

Der Aufbau nach dem Schaltplan

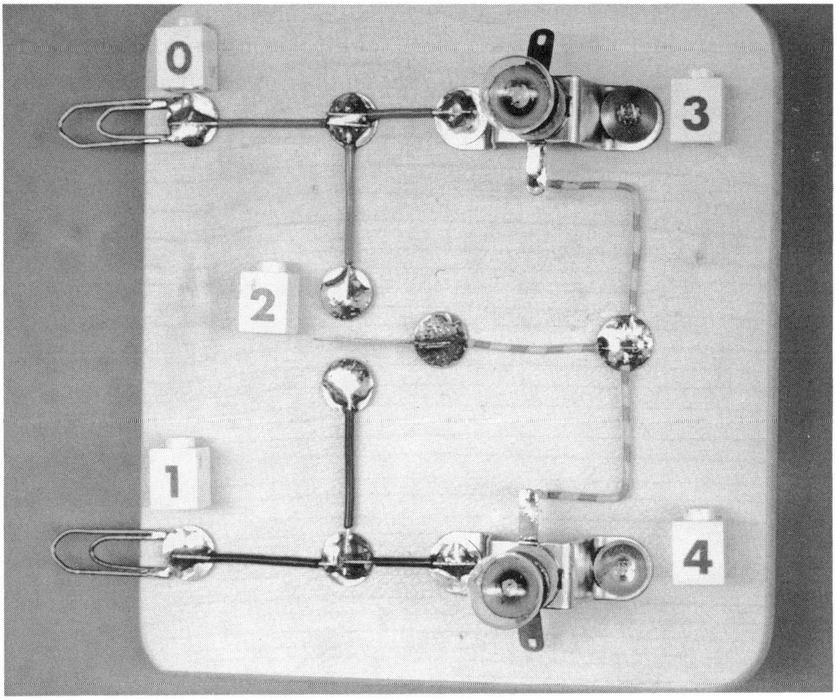

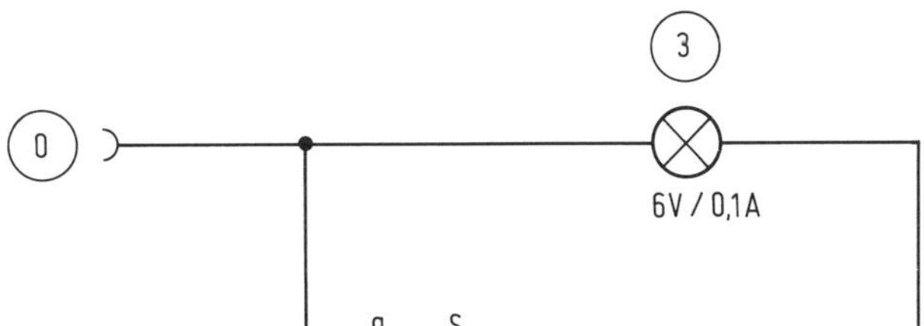

Abb. 15 Spannungsteiler mit Glühbirnen

cher keine weiteren Schwierigkeiten machen. Die Polung der Batterie, das kann man leicht durch einen Versuch feststellen, ist übrigens gleich. Es ist also einerlei, ob wir den Punkt 0 an Plus oder Minus der Batterie legen und entsprechend dazu den Punkt 1 an Plus oder Minus.

● Die Bauteile

An wichtigen Bauteilen sind hier nur die beiden Lampenhalter und zwei 6 Volt/0,1 Ampere Fahrradrücklichtlampen zu nennen. Daß dazu eine Batterie gehört, versteht sich von selbst. Benutzt wird die 4,5-Volt-Taschenlampenbatterie.

Die Diode ist ein wichtiges Bauelement in der Elektronik

Hier bauen wir eine einfache Prüfschaltung auf

Zu Anfang des Buches wurde schon darauf hingewiesen, daß die Diode ein gepoltes Bauelement ist, d. h. also, es ist nicht gleichgültig, wie herum dieses Bauteil eingelötet wird. Die Diode hat an einer Seite einen hellen oder dunklen Streifen. Dieser Ring kennzeichnet den Katodenanschluß. Der gegenüberliegende Drahtanschluß ist die Anode. In der vorliegenden Schaltung ist die Diode als 2 zu erkennen. So eingelötet, daß die Anode am Anschlußpunkt 0 liegt. Die Katodenseite führt zur Glühlampe und der andere Pol der Glühlampe 3 führt schließlich zum Anschlußpunkt 1. Bei dieser und auch bei den anderen Schaltungen werden für die Anschlußpunkte der Batterie Büroklammern eingelötet.

● Die Funktion der Schaltung

Die Funktion können wir jetzt folgendermaßen ausprobieren. Wir nehmen wieder die 4,5-Volt-Taschenlampenbatterie und polen sie einmal so, daß der kurze Blechstreifen, also der Pluspol, mit dem Anschlußpunkt 0 verbunden wird und der lange Blechstreifen, der Minuspol, mit dem Anschlußpunkt 1. In diesem Falle werden wir feststellen, daß die Glühlampe leuchtet. Polen wir die Batterie jetzt um, so daß der lange Blechstreifen der Batterie, also der Minuspol, mit dem Punkt 0 verbunden ist und der Pluspol der Batterie mit dem Punkt 1, so werden wir feststellen, daß die Glühlampe dunkel ist. Somit ist zunächst einmal zu erkennen, daß die Diode sich bei einer bestimmten Polung widersetzt, einen Strom fließen zu lassen. Und zwar immer dann, wenn an der Anode der Minuspol liegt und entsprechend, hier einmal über die Glühlampe geschaltet, der Pluspol an der Katode. Aus diesem Grunde wird die Diode in der Elektronik oftmals auch als sogenanntes Ventil oder auch Steuerelement eingesetzt. Sie wird benutzt, um Wechselspannungen gleichzurichten und in sogenannten Logikschaltungen, z. B. solchen von Computern, bestimmte Funktionen zu erfüllen.

Nun bekommt man in der Technik nichts geschenkt, auch nicht in der Elektronik. Wenn nämlich eine Diode in Durchlaßrichtung geschaltet ist, dann verbraucht sie eine gewisse Leistung. In unserem Falle bei Siliziumdioden, und eine solche wird hier eingesetzt, sind es rund 0,7 bis 0,8 Volt, die in Durchlaßrichtung über die Diode 2 abfallen. Feststellen können wir das am besten folgendermaßen. Wir schließen wieder die Batterie mit dem Pluspol an 0 und mit dem Minuspol an 1 an, so daß also die Glühlampe leuchtet. Dann nehmen wir ein kleines Stück Draht und überbrücken einmal die Diode. Also wir schließen die Diode kurz. In dem Augenblick werden wir feststellen, daß die Glühlampe etwas heller leuchtet. Es sind das die rund 0,7 Volt mehr, die die Glühlampe zum Leuchten erhält, und welche vorher ohne Drahtüberbrückung über der Diode liegenblieben.

● Der Aufbau nach dem Schaltplan

Nun, dieser Aufbau ist recht übersichtlich und einfach zu gestalten. Wir können erkennen, daß die Diode recht lange Anschlußdrähte behalten hat. Wären diese kürzer, so müßte mit dem Löten aufgepaßt werden, denn die Diode verträgt keine allzu große Hitze während des Lötvorganges. So, wie es hier aber ausgeführt ist, ist der Nachbau für uns problemlos.

● Die Bauteile

Hier wird lediglich als Sonderbauteil eine Siliziumdiode benutzt. In diesem Fall der universelle Typ 1 N 4001. Natürlich können auch andere Siliziumdioden benutzt werden, so z. B., wenn uns in einem Radiofachgeschäft eine Netzgleichrichterdiode für ein Fernsehgerät angeboten wird.

● Ein paar Daten und Erläuterungen

Benutzt werden kann für diese Schaltung wieder eine Spannungsquelle, die zwischen 4,5 Volt bis 6 Volt liegt. Sinnvoll ist wieder die 4,5-Volt-Taschenlampenbatterie. Und, wie oben schon erwähnt, denken wir daran, daß das 6-Volt-Glühlämpchen keine 4,5 Volt erhält, sondern an der Diode fallen rund 0,7 Volt ab. D. h. also, das 6-Volt-Lämpchen brennt, oder glimmt, nur mit 3,8 Volt.

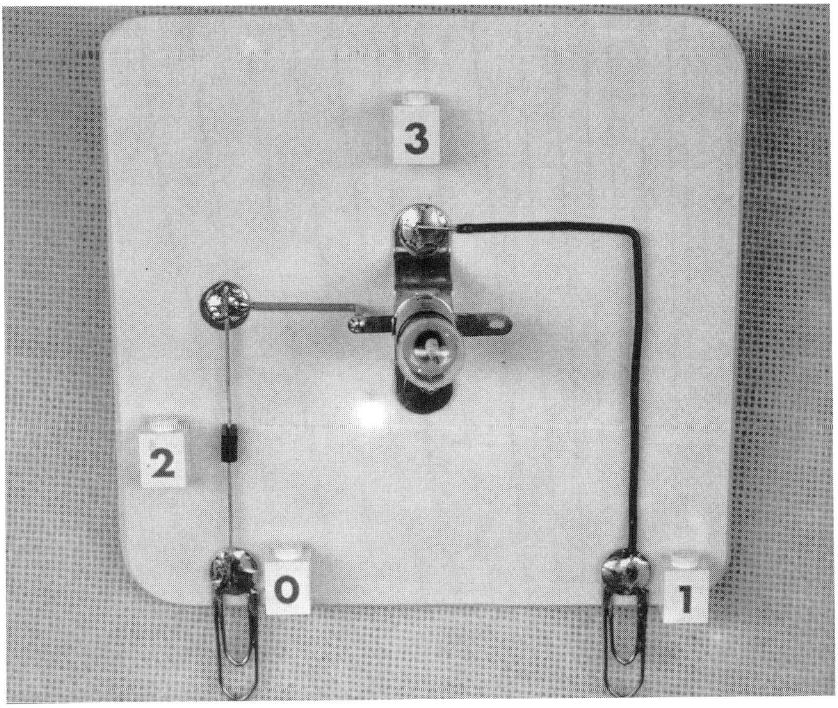

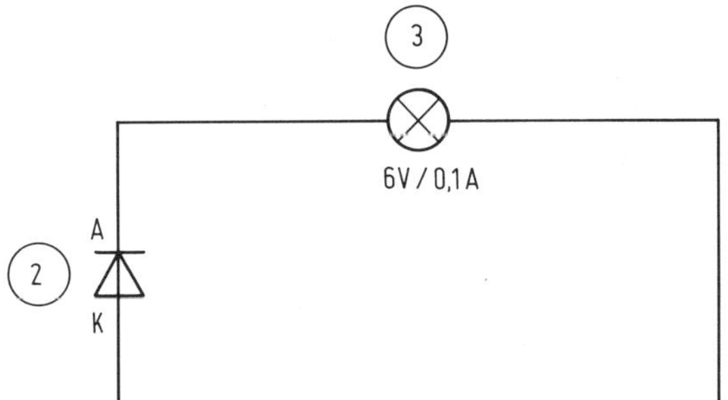

Abb. 16 Prüfschaltung für Dioden

Nun steht in der Überschrift zu lesen, daß mit dieser Schaltung eine Diode auch geprüft werden kann. Das ist in der Tat so, denn es muß sich grundsätzlich die Funktion einstellen, daß beim positiven Anschlußpol der Batterie an Punkt 0, also an der Anode, die Glühlampe leuchtet. Und im umgekehrten Fall, negativer Anschlußpol 0, die Glühlampe dunkel bleibt. Leuchtet die Glühlampe in beiden Fällen auf, oder leuchtet die Glühlampe in beiden Fällen nicht auf, dann ist die Diode mit Sicherheit defekt. Das ist eine einfache Prüfung, mit der auch diese Diode für alle weiteren Schaltungen, wenn einmal Unsicherheiten auftreten, geprüft werden kann.

Die Leuchtdiode nennt der Profi LED

Hier wird sie in Funktion gesetzt und gleichzeitig geprüft

Zunächst noch zur Bezeichnung LED. Das ist die Abkürzung aus dem Amerikanischen: „Light-Emitting-Diode". Bei einer Leuchtdiode wird ein Leuchteffekt im Kristall ausgenutzt, der dadurch entsteht, daß Photonen frei werden. Diese wiederum benötigen zum Freiwerden eine elektrische Energie, also z. B. die aus einer einfachen Batterie. Leuchtdioden werden in der Elektronik in sehr vielen Schaltungen zum Signalisieren bestimmter Zustände eingesetzt. Sicher haben wir dieses auch schon einmal bei Rundfunkgeräten, HiFi-Tunern oder Kassettenrecordern gesehen, wobei die Leuchtdioden zur Pegelanzeige bei der Aussteuerung benutzt werden. Eine Leuchtdiode benötigt immer einen Vorwiderstand. Wenn wir uns die Schaltung ansehen, können wir das erkennen; der Vorwiderstand ist hier als Pos. 2 angegeben und die Leuchtdiode ist unter 3 zu sehen.

● Der Aufbau nach dem Schaltplan

Der Aufbau ist nicht schwierig. Wir müssen jedoch darauf achten, daß die Leuchtdiode ähnlich einer einfachen Siliziumdiode einen Anodenanschluß A und einen Katodenanschluß K hat. Die Hersteller benutzen verschiedenartige Merkmale, um diese Anschlüsse für den Einbau zu kennzeichnen. Wir kümmern uns hier einmal nicht darum und löten die Diode mit ihren beiden Anschlußdrähten – in der Schaltung Pos. 3 – ein, einerlei, wie herum die Drähte liegen. Die Schaltung wird jetzt folgendermaßen mit der 4,5-Volt-Taschenlampenbatterie in Betrieb gesetzt. Wir legen an den 0-Anschluß der Schaltung die positive Batterieanschlußklemme und an den 1-Anschluß die negative Anschlußklemme. Leuchtet die Diode jetzt auf, liegt am 0-Anschluß die Anode und am 1-Anschluß die Katode der Leuchtdiode. Wenn wir die Batterie umpolen, also am 1-Anschluß der Pluspol und am 0-Anschluß der Minuspol, so wird die Diode nicht aufleuchten. Diese einfache Schaltung genügt schon, um eine Leuchtdiode zu prüfen. Wir dürfen

Die Leuchtdiode nennt der Profi LED

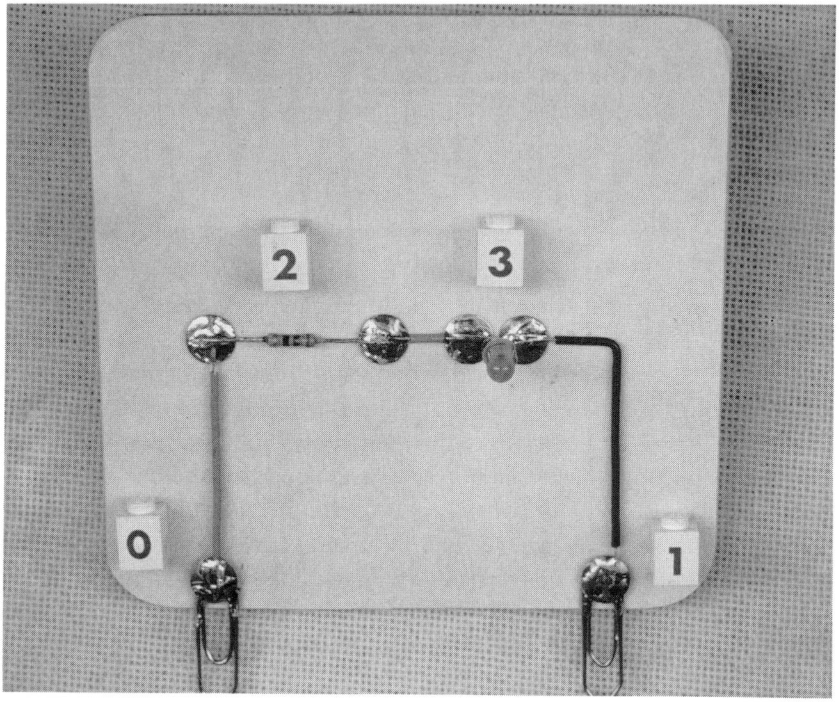

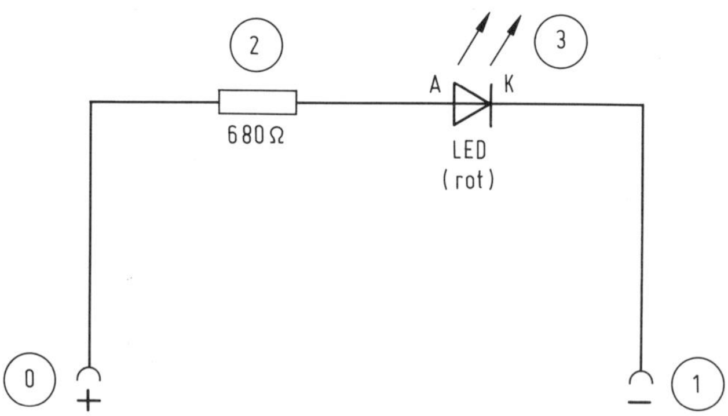

Abb. 17 Die Leuchtdiode leuchtet

diese Schaltung aber nur mit einem Widerstand zusammen aufbauen. Dieser Widerstand begrenzt den vom Hersteller angegebenen höchstzulässigen Strom in der Diode.

● Die Bauteile

Zu den Bauteilen ist nicht viel zu sagen. Wir können hier eine rote, eine gelbe oder eine grünleuchtende Diode kaufen. Benutzt wird außerdem die 4,5-Volt-Taschenlampenbatterie.

● Ein paar Daten und Erläuterungen

Wenn eben von verschiedenfarbigen Leuchtdioden gesprochen wurde, so wollen wir uns hier einmal ein paar technische Daten merken. Rote Leuchtdioden haben eine Durchlaßspannung von ungefähr 1,8 Volt, die grünen und die gelben liegen so bei 2,3 Volt. Der zulässige Strom derartiger Dioden beträgt etwa 20 mA. Wenn wir an die Fahrradrücklichtbirne zurückdenken, die 0,1 A, also 100 mA hat, so benötigt eine Leuchtdiode nur 1/5 dieses Stromes.

Die Leuchtdiode und ihre Polung –

einmal dargestellt mit zwei verschieden gepolten Dioden

● Die Funktion der Schaltung

Die Funktion der Schaltung ist so ausgelegt, daß an dem 0- und 1-Batterieanschlußpunkt eine verschieden gepolte Batteriespannung angelegt werden kann. Je nach Polung leuchtet die Diode 4 oder die Diode 5 auf. In der Schaltung ist es so ausgelegt: Wenn am 0-Anschluß der Pluspol liegt, dann leuchtet die Diode 4 auf, liegt am 0-Anschluß der Minuspol, so leuchtet die Diode 5 auf. Die Leuchtdiode wird immer dann zum Leuchten gebracht, wenn an der Anode der positivere Spannungspol gegenüber der Katode liegt. Das ist dann aus dem Schaltbild auch recht gut ersichtlich.

● Der Aufbau nach dem Schaltplan

Bei dem Aufbau sind keine großen Schwierigkeiten zu erwarten. Lediglich die Dioden müssen für den Anfang richtig gepolt sein gemäß der Schaltung, damit beim positiven Anschluß an 0 auch immer die Diode 4, oder beim negativen die Diode 5 aufleuchtet. Damit ist es leicht möglich, mit dieser Versuchsschaltung unbekannte Polaritäten von Batterien zu testen. Hingewiesen werden soll allerdings darauf, daß die maximal zulässige Spannung, also die Batteriespannung, 6 Volt nicht überschreiten sollte.

● Die Bauteile

Hier werden wieder zwei 680-Ω-Widerstände benötigt und zwei verschiedenfarbige Leuchtdioden. Bauteile, die einfach zu beschaffen sind.

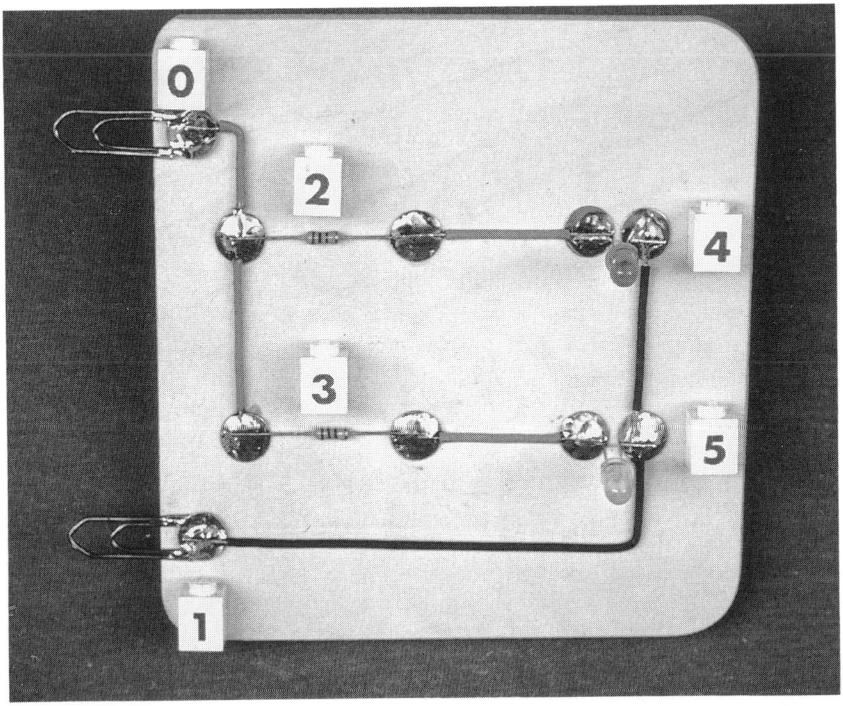

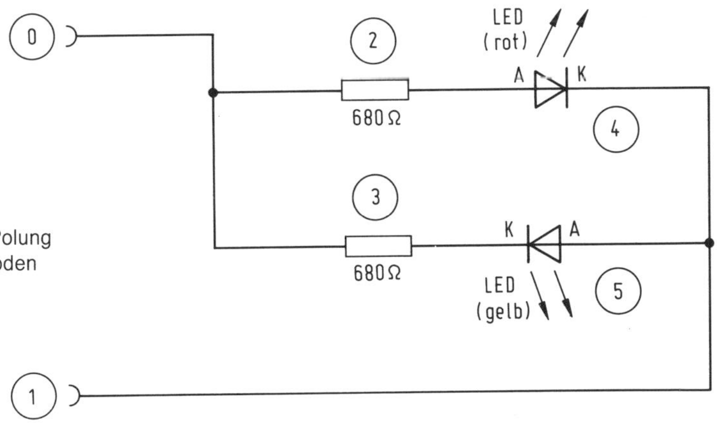

Abb. 18 Die Polung
der Leuchtdioden

Ein magischer Würfel oder – die Untersuchung der Diodenpolarität in einer Schaltung

Die vorliegende Schaltung ähnelt schon beinahe einem Puzzle. Aufgrund der beiden Dioden 3 und 4 und der fünf eingelöteten Leuchtdioden ist eine ganz bestimmte Durchlaßrichtung für den Strom gegeben. Diese sieht folgendermaßen aus: Wird an den 0-Anschlußunkt der Pluspol gelegt und an den 1-Anschlußpunkt der Minuspol, dann leuchtet die Diodenkette c-d-e auf. Wird jedoch die Polarität umgedreht, also am 0-Anschluß der Minuspol, am 1-Anschluß der Pluspol, dann leuchten alle Dioden, also a-b-c-d-e auf. Diese Schaltung ist schon recht sinnvoll, indem wir gemeinsam, ohne daß wir hier weiteres darüber lesen wollen, überlegen, wieso aufgrund der

Zu Abb. 19

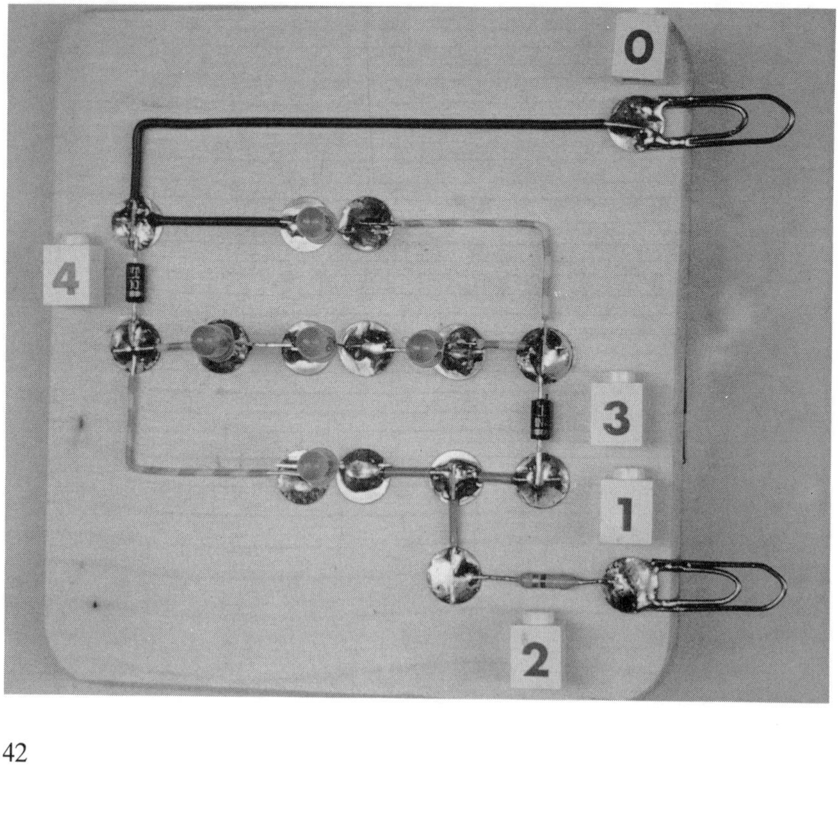

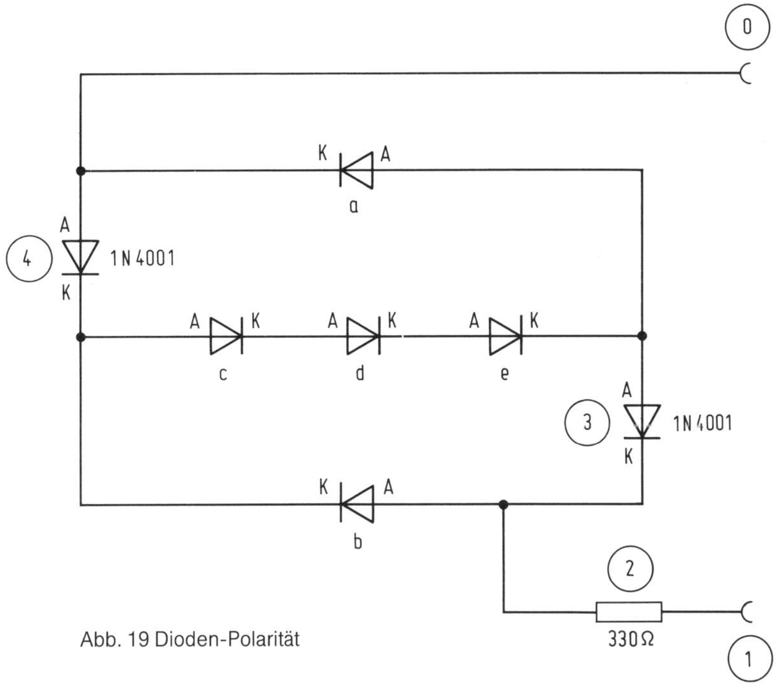

Abb. 19 Dioden-Polarität

eingelöteten Polaritäten der Dioden dieses Leuchtschema zustandekommt. Denken wir einfach daran, daß eine Diode immer dann Strom durchläßt, wenn der positive Pol der Batteriespannung an der Anode liegt. Damit wird's dann schon gehen mit der Überlegung.

● Der Aufbau nach dem Schaltplan

Bei dem Aufbau wollen wir folgendes berücksichtigen. Wenn zunächst die Polung 0 an Plus und 1 an Minus vorgenommen wird, und die Dioden 3 und 4 mit ihrem Katodenring richtig eingelötet sind, so werden die Dioden c-d-e versuchsweise solange gepolt, bis alle drei aufleuchten. Ist das erreicht, wird als nächstes die Polarität umgekehrt, also 1 an Plus-Anschluß und 0 an Minus-Anschluß, und dann wird die Diode a versuchsweise so eingelötet, daß sie aufleuchtet, und die Diode b versuchsweise ebenfalls so, daß sie aufleuchtet.

● Die Bauteile

Hier sind zwei Siliziumdioden, z. B. der Typ 1 N 4001 erforderlich, sowie 5 Leuchtdioden und ein Widerstand im Werte von 330 Ω. Die Betriebsspannung bei dieser Schaltung soll zwischen 9 bis 14 Volt liegen. Das bedeutet, wir können zwei Taschenlampenbatterien mit je 4,5 Volt in Serie schalten, und schon haben wir die gewünschten 9 Volt.

Der Transistor –

Hier wird er geprüft und arbeitet als elektronischer Schalter

Ein Transistor ist ein verstärkendes Element, welches mit einem sehr geringen Steuerstrom sehr hohe Schaltströme zuläßt. In dem vorliegenden Aufbau ist eine Prüfung recht leicht möglich. Dazu wird der Schalter 3 so geschaltet, daß der 10-kΩ-Widerstand an dem Minuspol, also Anschluß 1, liegt. Dann darf die Leuchtdiode nicht aufleuchten. Wird hingegen der Schalter 3 an den Anschluß 0, also an die Plusspannung gelegt, so muß die Diode aufleuchten. Wird diese Ja/Nein-Funktion nicht erreicht, so ist der Transistor defekt.

Zu Abb. 20

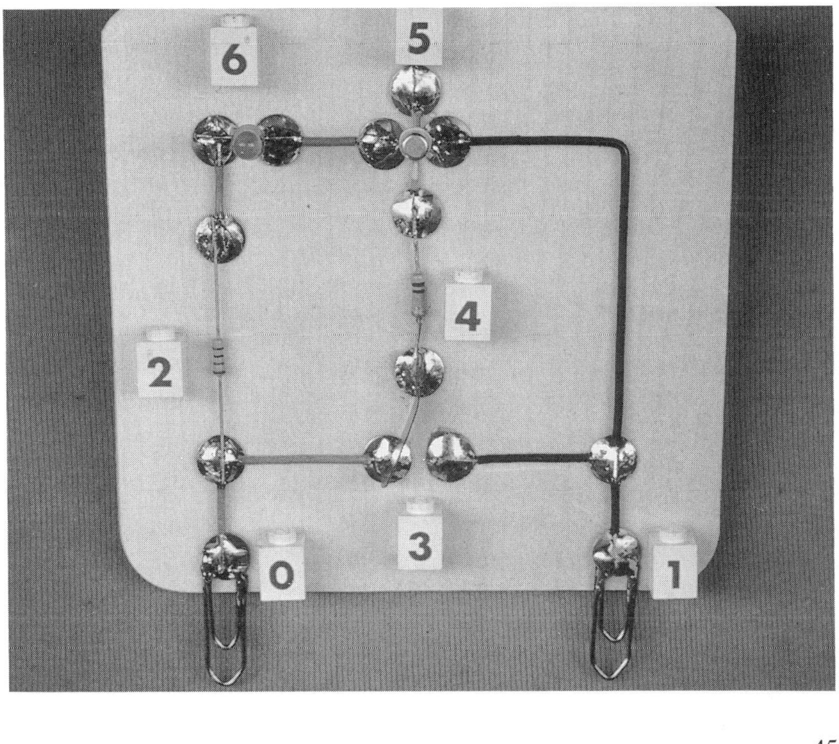

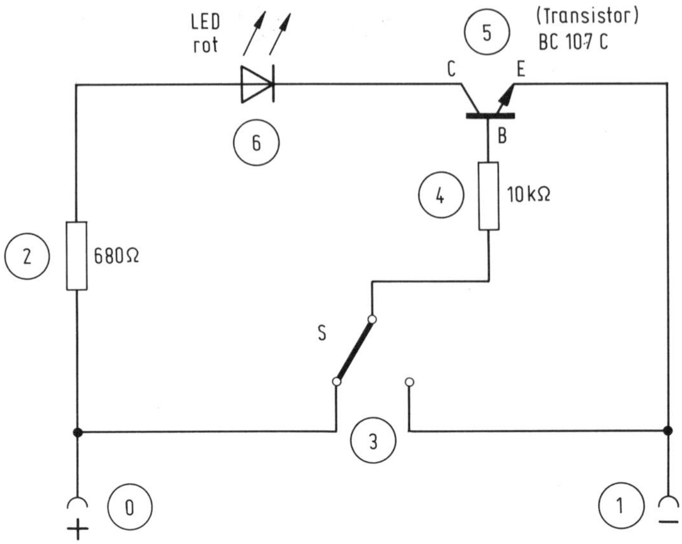

Abb. 20 Der Transistor in einer einfachen Schaltung

● Der Aufbau nach dem Schaltplan

Vergleichen wir das Foto mit dem Schaltplan, so müssen wir als nächstes dafür sorgen, daß der Schalter 3 richtig aufgebaut wird. Wichtig ist, daß die beiden Vorwiderstände 2 und 4 (2 = 680 Ω; 4 = 10 kΩ) an die richtigen Stellen gelötet werden, und wichtig ist auch, daß die Leuchtdiode LED so gepolt wird, daß die Anode am 680-Ω-Widerstand angeschlossen ist, und die Katode am Kollektor des Transistors. Sind wir unsicher, ob die Diode richtig gepolt ist, dann benutzen wir einfach die Schaltung 3, denn dort wurde ja gezeigt, wie eine Leuchtdiode mit einfachen Mitteln auszupolen ist.

● Die Bauteile

Als Bauteile werden hier ein Transistor, z. B. BC 107 C oder ein äquivalenter Typ, z. B. BC 548 C oder BC 549 C oder BC 550 C und eine Leuchtdiode, sowie zwei Widerstände benutzt. Den Schalter bauen wir selbst.

● Noch ergänzend ein paar Daten

Die vorliegende Schaltung kann mit einer Betriebsspannung zwischen 4,5 Volt bis 14 Volt betrieben werden. Also, wir können eine, zwei oder drei Batterien benutzen. Erwähnt werden soll, wenn der Schalter 3 in der Mittenstellung ist, also weder den oberen noch den unteren Kontakt berührt, daß auch dann die LED dunkel bleiben muß.

Eine einfache Transistor-Steuerung über ein Potentiometer

● Die Funktion der Schaltung

Hier benutzen wir ein 1-kΩ- oder 5-kΩ-Potentiometer, wie in der Schaltung unter Pos. 2 zu erkennen, sowie die Fahrradrücklichtbirne und als Beispiel der Transistor BC 107 C. Die Funktion ist ähnlich der Schaltung 6 so zu verstehen, daß mit dem Potentiometer die Spannung an der Basis des Transistors von 0 bis zu einem positiven Wert geregelt werden kann. Ein Transistor fängt an zu verstärken bei ungefähr 0,7 Volt, zwischen Emitter und Basis gemessen. Dann werden wir auch erkennen, daß die Glühbirne anfängt zu glimmen. Und je weiter das Potentiometer heraufregelt, je heller wird die Lampe leuchten. Das heißt, je mehr verstärkt der Transistor. Damit können wir simulieren, daß mit einer kleinen Eingangsspannung als Änderung ein immerhin großer Ausgangsstrom, nämlich der Strom zum Leuchten der Glühlampe, erzeugt wird.

● Der Aufbau nach dem Schaltplan

Wenn wir uns die Abbildung ansehen und den Schaltplan, dann werden wir die Pos. 0 bis 5 leicht wiedererkennen. Sicherlich ist es auch hier wichtig, darauf zu achten, daß die Anschlußpole des Transistors, also E (Emitter), B (Basis) und C (Kollektor) richtig angeschlossen werden. Ebenfalls ist es selbstverständlich, wie es auch in der Schaltung ausgewiesen ist, daß am Anschluß 0 der positive Spannungspol der Batterie und am Anschluß 1 der negative Spannungspol liegt.

● Die Bauteile

Zu den Bauteilen ist recht wenig zu sagen. Ein Potentiometer, ein Widerstand, ein Transistor und die Fahrradrücklichtbirne sind erforderlich. Die Werte sind alle in der Schaltung aufgeführt.

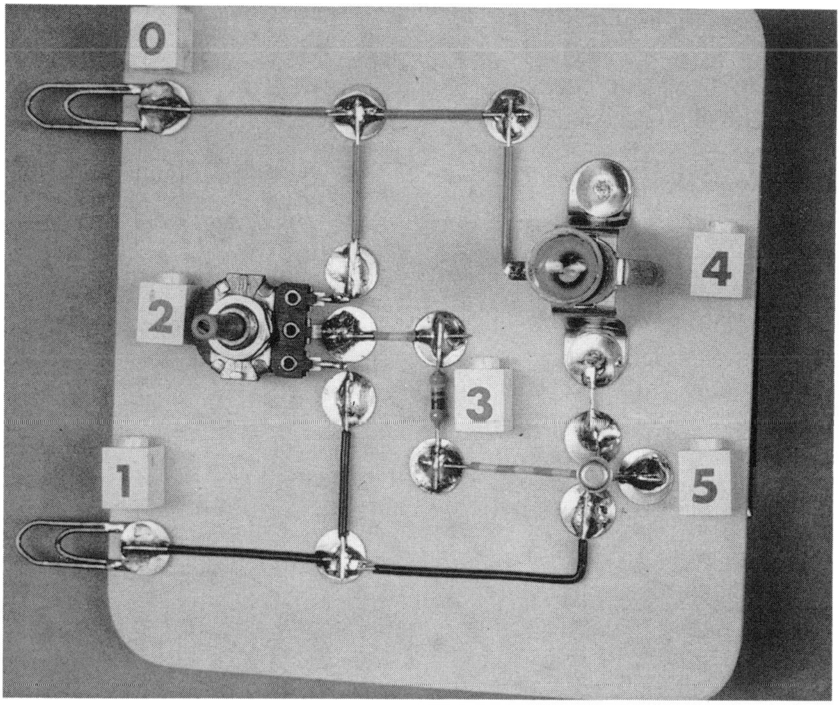

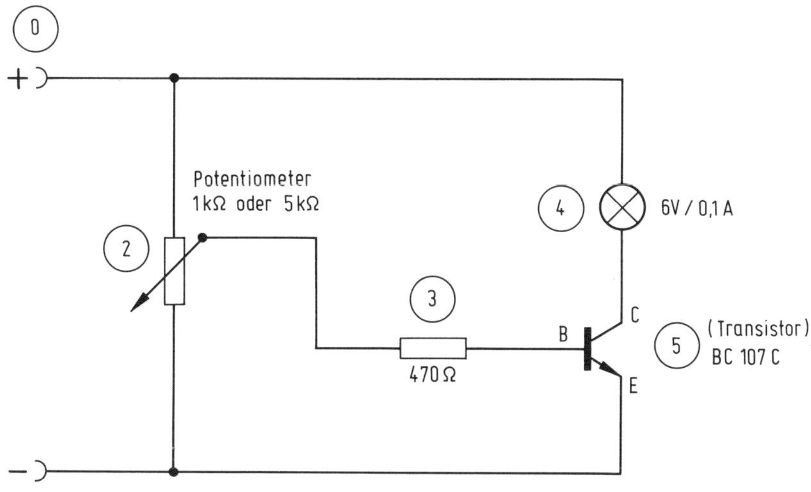

Abb. 21 Der Transistor wird „angesteuert“

● Noch ein paar Ergänzungen

Die Betriebsspannung bei dieser Transistorsteuerschaltung sollte den Wert von 6 Volt nicht überschreiten. Das liegt einfach daran, daß wir eine 6-Volt-Glühlampe benutzen und diese nicht durchbrennen lassen wollen. Also, eine 4,5-Volt-Taschenlampenbatterie ist absolut ausreichend. Natürlich können wir auch einmal den Versuch starten mit zwei 4,5-Volt-Taschenlampenbatterien in Serie, so daß wir also 9 Volt Betriebsspannung haben, nur sollte dann darauf geachtet werden, daß das Potentiometer nicht so weit aufgedreht wird, daß die Glühlampe die 9 Volt erhält und unter Umständen durchbrennt. Und weiter müssen wir darauf achten, daß der Transistor nicht zu heiß wird.

Ein Kondensator kann elektrische Energie speichern

● Die Funktion der Schaltung

Im vorliegenden Fall wird ein Elektrolytkondensator benutzt, sowie zwei Fahrradrücklichtbirnen und wiederum der selbstgebaute Schalter. Wird der Schalter 2 zur Glühlampe 4 geschaltet, dann wird man ein kurzes Aufleuchten der Glühlampe feststellen. Der Kondensator 3 wird dann aufgeladen. Wird danach der Schalter 2 zur Glühlampe 5 geschaltet, wird man ein kurzes Aufleuchten der Glühlampe 5 feststellen. Das heißt, die elektrische Energie, die im Kondensator gespeichert wurde, bringt jetzt die Glühlampe

Zu Abb. 22

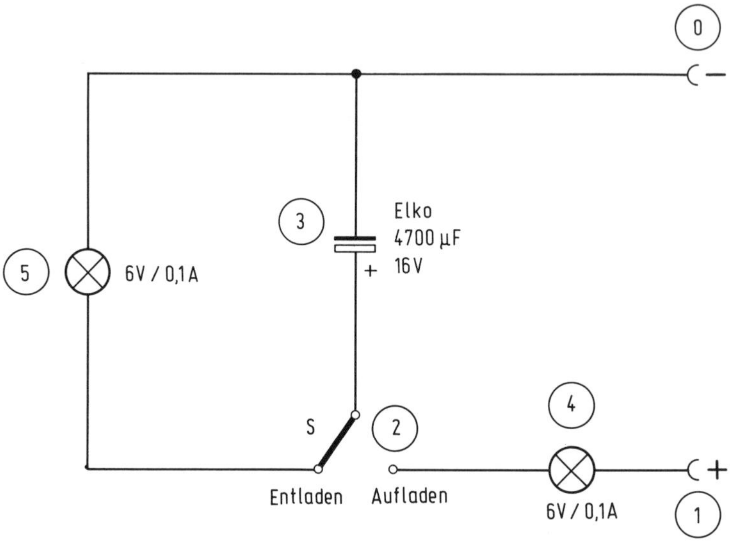

Abb. 22 Der Kondensator speichert Energie

5 zum Leuchten. Selbstverständlich können wir die Entladung auch erreichen, wenn an den Klemmen 0 und 1 die Batterie nicht mehr angeschlossen ist.

● Der Aufbau nach dem Schaltplan

Wir benutzen hier einen Elektrolytkondensator, und ein Elektrolytkondensator ist ein gepoltes Bauelement. Wir müssen dafür sorgen, daß jetzt am Anschluß 0 der Minuspol der Batterie angeschlossen wird, und am Anschluß 1 der Pluspol. Ansonsten ist die Schaltung im Aufbau recht unkritisch und zeigt sehr schön die Auf- und Entladung eines Kondensators.

● Die Bauteile

Das Sonderbauteil, was wir hier benutzen, ist ein 4700-µF-Kondensator mit einer Betriebsspannung von 16 Volt.

● Ein paar Daten und Erläuterungen

Die Schaltung arbeitet mit einer Batteriespannung zwischen 6 bis 9 Volt. Also ist es in diesem Fall einmal sinnvoll, zwei 4,5-Volt-Taschenlampenbatterien in Serie zu schalten, um die 9 Volt zu erreichen. Die beiden Glühlämpchen werden ganz kurzfristig dann auch beim Aufladen und beim Entladen mit 9 Volt betrieben. Das geschieht aber nur so kurz, daß wir nicht befürchten müssen, daß sie dadurch durchbrennen.

Der Detektorempfänger – wir hören Musik

● Die Funktion der Schaltung

Wird an dem Anschlußpunkt 1 ein Erdanschluß und an dem Anschlußpunkt 2 ein Antennenanschluß angelegt, so entsteht in der Spule 8 mit dem Drehkondensator 5 ein Schwingkreis. Der Drehkondensator kann auf verschiedene Schwingkreisfrequenzen, also Senderfrequenzen, eingestellt werden und so ist es möglich, am Tage z. B. den Mittelwellen-Ortssender zu hören. Und wenn es dunkel wird, aufgrund der verbesserten Empfangs-

Zu Abb. 23

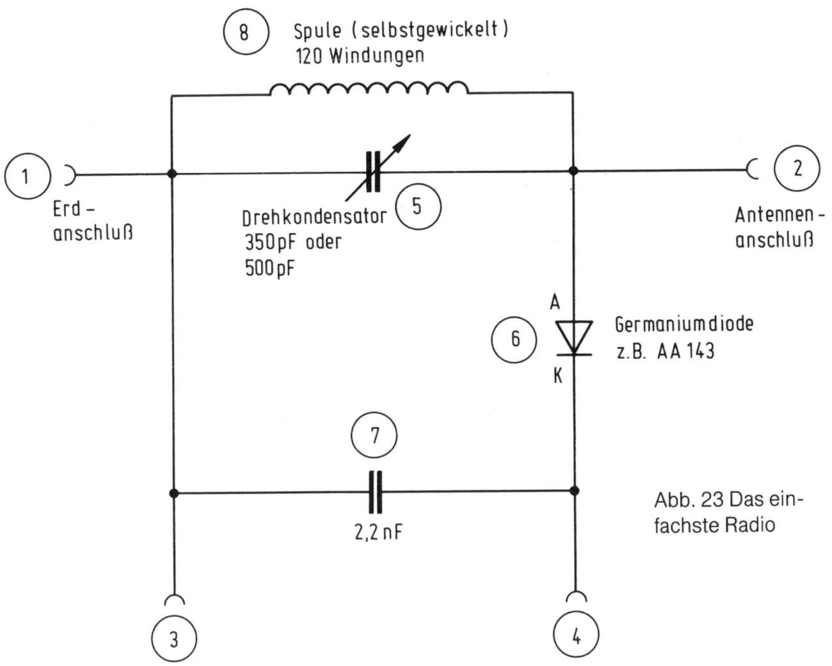

Abb. 23 Das einfachste Radio

verhältnisse, vielleicht einen oder zwei weitere Sender. Die Diode 6, eine Germaniumdiode, richtet das Hochfrequenzsignal gleich, und an den Anschlußpunkten 3 und 4 kann ein Kopfhörer angeschlossen werden.

● Der Aufbau nach dem Schaltplan

Der Aufbau ist auch recht unkritisch. Natürlich – wo bekommen wir die Spule her? Im vorliegenden Fall wurde die Spule auf einen Isolierkörper von 15 mm Durchmesser gewickelt, das kann z. B. ein Holzstiel oder ähnliches sein. Benutzt wurde ein Kupferlackdraht mit 0,5 mm Durchmesser mit insgesamt 120 Windungen. Das ist aus Pos. 8 auf der Abbildung zu erkennen. Den Kupferlackdraht erhalten wir beim Radiohändler aus einem defekten Transformator.

● Die Bauteile

Bei den Bauteilen kann es evtl. schwierig sein, einen Drehkondensator im Wert von 300 oder 500 pF (pico Farad) zu erhalten. Es gibt jedoch Elektronik-Versandgeschäfte, die diesen Artikel führen. Es ist auch möglich, wenn wir einen größeren, flachen Drehkondensator bekommen, diesen entsprechend einzulöten.

● Noch ein paar Erläuterungen

Der Kopfhörer sollte einen sogenannten Innenwiderstand von 1 000 Ω oder mehr aufweisen. Zu dem Erd- und Antennenanschluß ist folgendes zu sagen. Zunächst einmal sehr wichtig: Die Lichtanschlußsteckdose hat weder mit Erde noch Antenne etwas zu tun – das ist lebensgefährlich. Für den Erdanschluß benutzt man am besten ein Stück blank gekratzes Heizungsrohr, oder aber den Wasserhahn, an welchen wir jeweils Draht befestigen. Für die Antenne sollten wir zweckmäßig einen 10 m langen Draht im Zimmer auslegen, oder wir lassen ihn aus dem Fenster heraushängen. Je länger diese Antenne ist, je besser wird auch der Empfang sein.

Ein Radio mit Verstärker

● Die Funktion der Schaltung

Wer sich die Schaltung des einfachen Detektorempfängers im vorherigen Bild angesehen hat, wird auch hier das Prinzip wiedererkennen. Nämlich den Anschluß 0 als Erdanschluß und wahlweise hier je nach Größe der Antenne den oberen oder unteren Anschluß 1 für die Antenne. Der Drehkondensator ist wieder als Pos. 3 auszumachen und die Gleichrichterdiode Pos. 2. Neu hinzugekommen ist ein Widerstand 4, ein Kondensator 5 und der

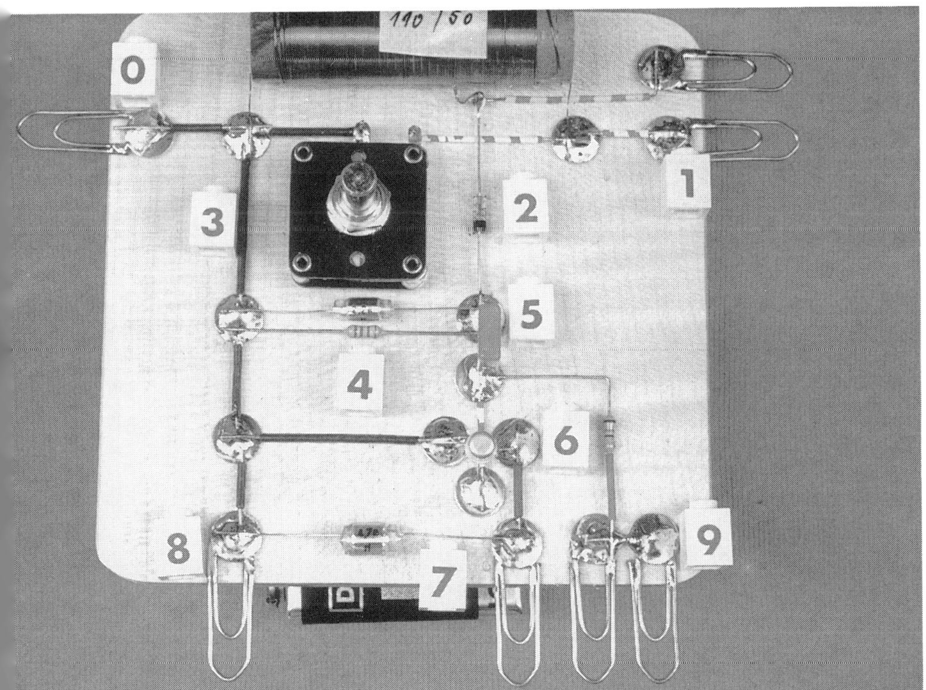

Ein Radio mit Verstärker

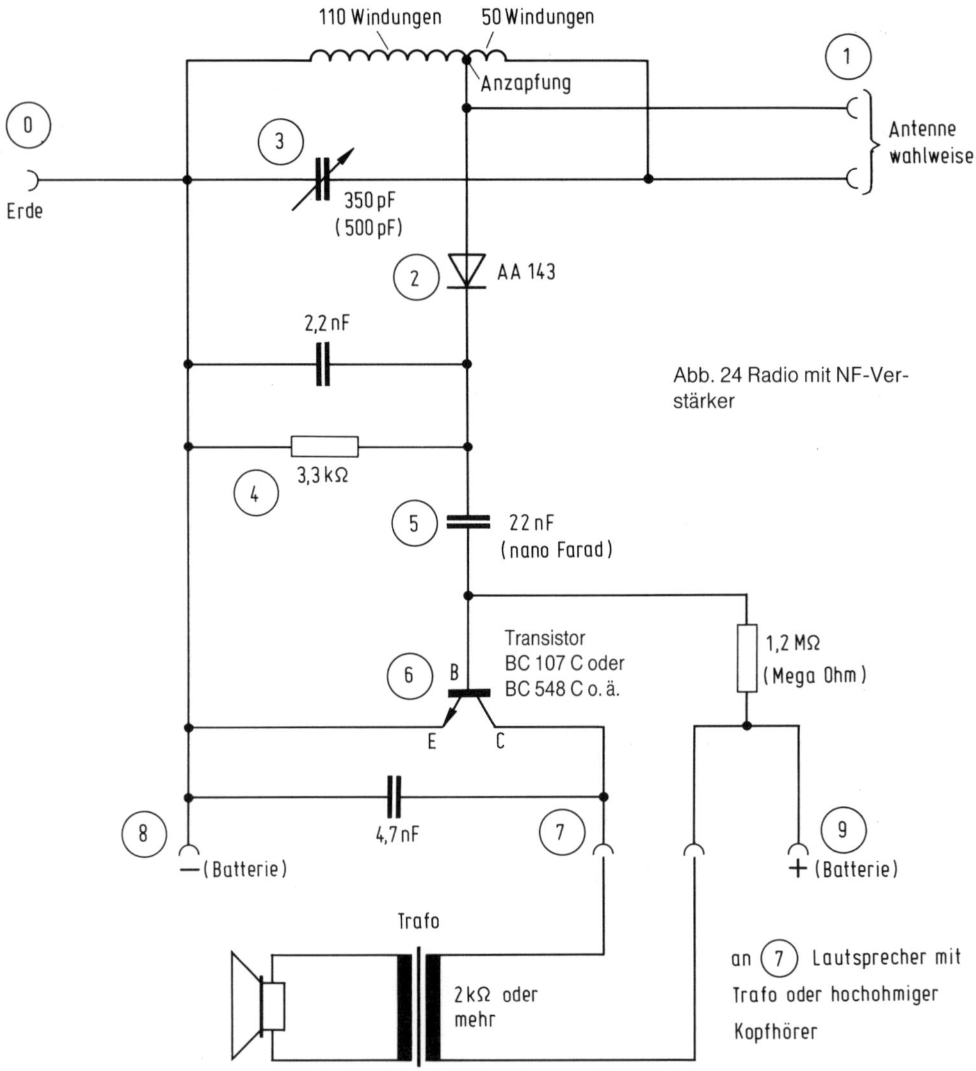

Abb. 24 Radio mit NF-Verstärker

Transistor zum Verstärken, der als Pos. 6 zu erkennen ist. Des weiteren die Batterieanschlußklemmen für die Spannungsversorgung des Transistors Pos. 8 und 9. An den Punkt 8 ist der negative Pol der Batterie zu legen und an den Punkt 9 der positive Pol.

● Der Aufbau nach dem Schaltplan

Es ist hier lediglich wichtig, daß die Anschlüsse des Transistors, nämlich Basis, Emitter und Kollektor, für die Schaltung richtig vorgesehen werden. Zwischen den Anschluß 7 und den linken Anschluß 9 kommt wiederum der Kopfhörer oder aber, wie wir es ganz zu Anfang schon gelesen haben, kann hier auch ein kleiner Lautsprecher angeschlossen werden; wenn wir dafür sorgen, daß dieser Lautsprecher einen hochohmigen Lautsprechertransformator erhält, dessen eine Seite, die Primärseite, einen Widerstand von mehr als 2 000 Ω aufweist.

● Die Bauteile

Die Spule wird wieder selbst gewickelt. Wie in dem Schaltbild zu erkennen ist, erhält sie eine Anzapfung. Wir wickeln also 110 Windungen, führen den Anschluß heraus und wickeln eine neue Spule weiter mit gleichem Wicklungssinn von 50 Windungen. Dann haben wir den Anzapfpunkt, wo die Diode und evtl. auch einmal die Antenne angeschlossen wird. Wem das zu kompliziert ist, der kann auch mit einer einfachen Spule von 120 Windungen erst einmal den Versuch ausführen. Wichtige Bauteile sind hier wieder der Kopfhörer oder der Lautsprecher mit dem dazugehörigen Lautsprechertransformator.

● Ein paar Daten und Erläuterungen

Werden die Erd- und der Antennenanschluß wie in unserem vorherigen Beispiel wieder richtig hergestellt, so kann die Schaltung recht brauchbare Ergebnisse bringen. Wir können also schon etwas lautere Musik hören. Die Betriebsspannung, die zwischen den Punkten 8 und 9 angeschlossen wird, kann zwischen 4,5–9 Volt liegen. Dabei wird der Pluspol der Batterie an den Punkt 9 und der Minuspol an den Punkt 8 gelegt.

Wir arbeiten mit einem temperaturabhängigen Widerstand (NTC)

● Die Funktion der Schaltung

Zunächst, der Begriff NTC kommt von „Negative Temperature Coeffizient" aus dem Amerikanischen. Derartige Widerstände werden oftmals in Fernseh- und Rundfunkverstärkern benutzt, so daß im Radiohandel auch so ein kleiner Widerstand erhältlich ist. Der NTC-Widerstand heizt sich durch den Stromfluß über die Glühlampe in unserer Schaltung langsam auf und wird nach Anlegen der Batteriespannung nach ca. 15 oder 30 Sekunden die Glühlampe zum schwachen Aufleuchten bringen. Der Stromfluß kann jetzt folgendermaßen beeinflußt werden. Wir nehmen einen Eiswürfel aus dem Kühlschrank und halten diesen einfach auf den NTC-Widerstand. Dann werden wir feststellen, die Glühlampe erlischt wieder. Nehmen wir demgegenüber einen Lötkolben, und halten ihn kurz an den NTC-Widerstand, so werden wir feststellen, daß die Glühlampe wieder anfängt zu glühen. So ein NTC-Widerstand hat demnach im kalten Zustand einen hohen ohmschen Widerstand. Es fließt also wenig Strom, die Glühlampe brennt nicht. Und im heißen Zustand einen kleinen ohmschen Widerstand – die Glühlampe brennt. Da es sich hier um ein ungepoltes Bauelement handelt, ist es gleichgültig, wie die Batteriespannung an 0 und 1 angeschlossen wird.

● Ein paar Daten und Erläuterungen

Aufbau der Schaltung und Beschaffung des NTC-Widerstandes sollten nicht kritisch sein. Beachten wollen wir noch, daß die Batteriespannung zwischen 10 ... 14 Volt liegen soll. Wir müssen also drei 4,5-Volt-Taschenlampenbatterien in Serie schalten und ganz besonders darauf achten, daß die Glühlampe nicht durchbrennt, also nicht zu hell leuchtet, wenn der NTC zu warm wird. In dem Fall müssen wir entweder sofort kühlen (Eiswürfel), oder aber die Batteriespannung schnell abschalten.

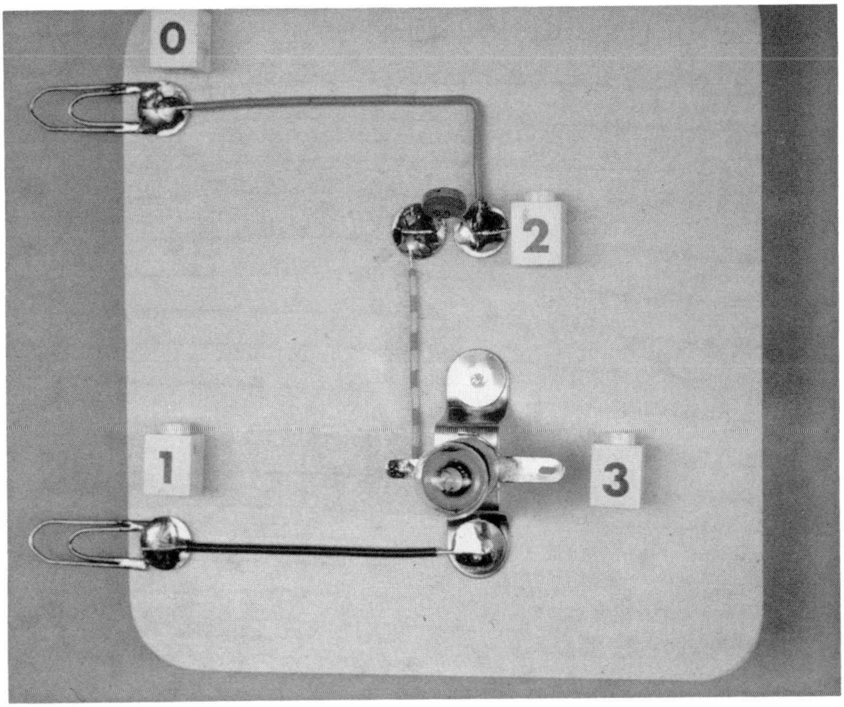

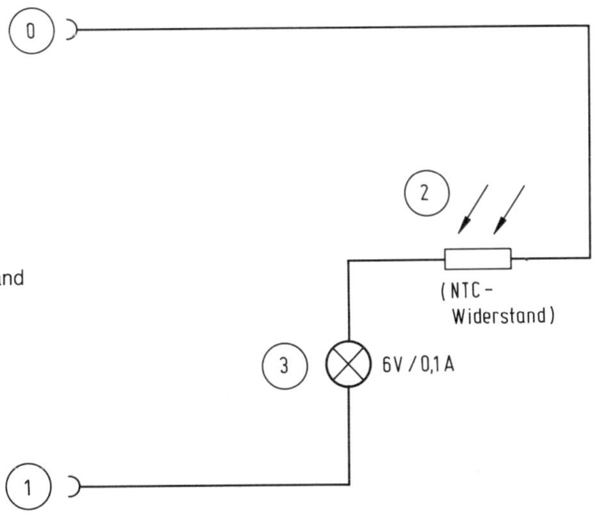

Abb. 25 Der NTC-Widerstand in einer Schaltung

Ein lichtabhängiger Widerstand wird LDR genannt

Die Schaltung kann als Lichtwarner und Lichtschranke benutzt werden

● Die Funktion der Schaltung

Als Anzeige wird eine Leuchtdiode, Pos. 4, benutzt. Der LDR-Widerstand, wie der Profi ihn nennt (LDR kommt von „Light Dependent Resistor“ aus dem Amerikanischen) wird in die Schaltung unter Pos. 5 eingelötet. Die Anschlußpolung ist bei diesem Lichtwiderstand gleich. In der Schaltung ist weiterhin noch ein Taster, Pos. 2, zu erkennen. Dieser Taster ist auch selbstgebaut, wiederum aus einer kleinen Anschlußfahne einer 4,5-Volt-Batterie. Die Funktion ist jetzt folgende: Zunächst einmal dient der

Zu Abb. 26

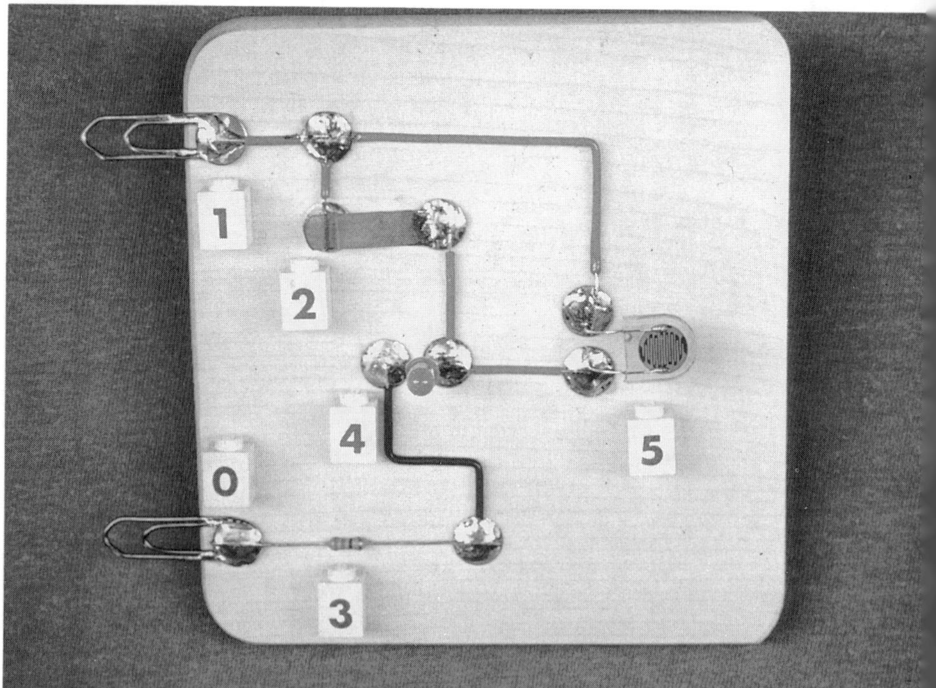

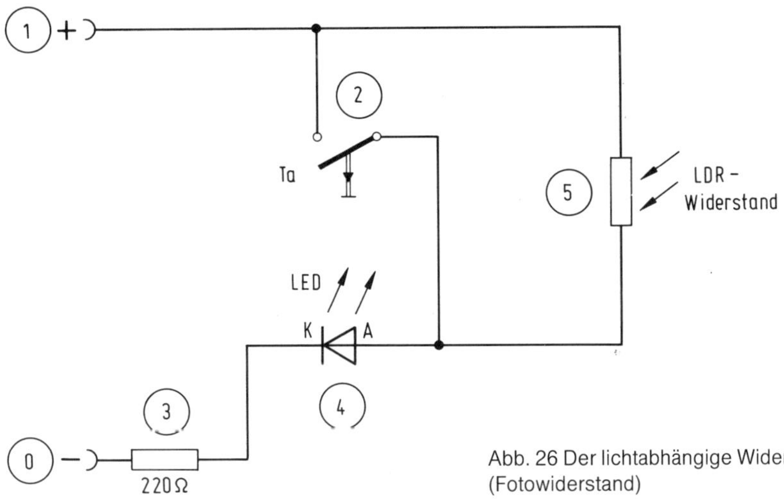

Abb. 26 Der lichtabhängige Widerstand (Fotowiderstand)

Taster 2 zur Kontrolle, ob die LED anzeigt. Das heißt, bei Fingerdruck muß die LED aufleuchten. Sodann werden wir feststellen, daß auch bei geöffnetem Taster die LED noch leuchtet. Das hört jedoch sofort auf, wenn wir den LDR-Widerstand 5 abdunkeln. Das Abdunkeln gelingt vielfach nicht, wenn wir etwas drauflegen, weil dann noch Seitenlicht eindringt. Am besten ist es, mit einem kleinen Stück Stoff den Widerstand völlig abzudunkeln. Nun können wir auch die Zuleitungen des LDR recht lang machen, den LDR also in irgendeinem Raum ablegen und die Schaltung in einem anderen Raum, so daß wir immer sehen können, ob irgendwo Licht brennt oder nicht. So läßt sich, wenn erforderlich, auch diese einfache Schaltung schon als Lichtschranke benutzen, wenn wir ein stark gebündeltes Licht, z. B. aus einer Taschenlampe, auf den LDR-Widerstand richten und diesen Lichtstrahl einmal unterbrechen, indem wir etwas dazwischenhalten.

● Ein paar Daten und Erläuterungen

Der LDR-Widerstand 5 ist im Elektronik-Versandhandel zu erhalten. Sicherlich wird ihn gegebenenfalls auch der Radiohändler beschaffen können. Über die Leuchtdiode und deren richtigen Anschluß (Anode-Katode) ist wenig zu sagen. Die Batteriespannung kann zwischen 4,5 … 6 Volt liegen. Wollen wir hier mit 14 Volt arbeiten, so muß der Widerstand 3, der hier mit 220 Ω ausgewiesen ist, erhöht werden auf 1 kΩ, dann funktioniert es wieder sicher. Der LDR-Widerstand ist ein ungepoltes Bauelement. Die angegebene Polung mit (0 = −) und (1 = +) bezieht sich hier auf das gepolte Bauelement 4, die Leuchtdiode.

Eis- und Hitzewarner mit einem NTC-Widerstand

● Die Funktion der Schaltung

Den NTC-Widerstand hatten wir in dem Kapitel 11 schon einmal kurz kennengelernt. Hier wird er als Pos. 2 in die Schaltung eingelötet, wobei er den Transistor BC 107 C steuert und dann die Leuchtdiode 5 zum Aufleuchten oder zum Erlöschen bringt. Die Schaltung funktioniert so, daß im kalten Zustand des NTC, also bei Temperaturen z. B. unter 10° oder 5 °C die LED

Zu Abb. 27

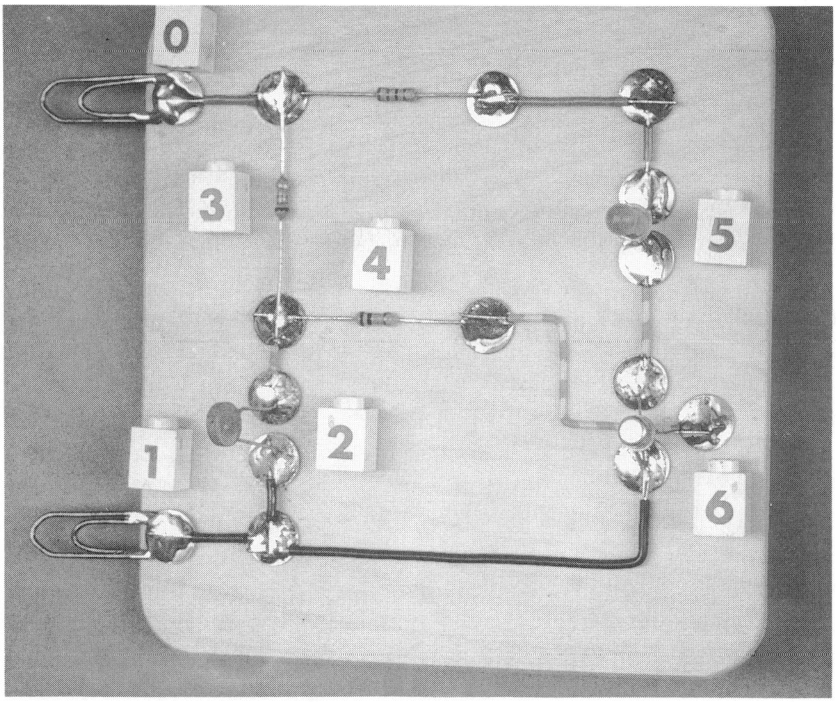

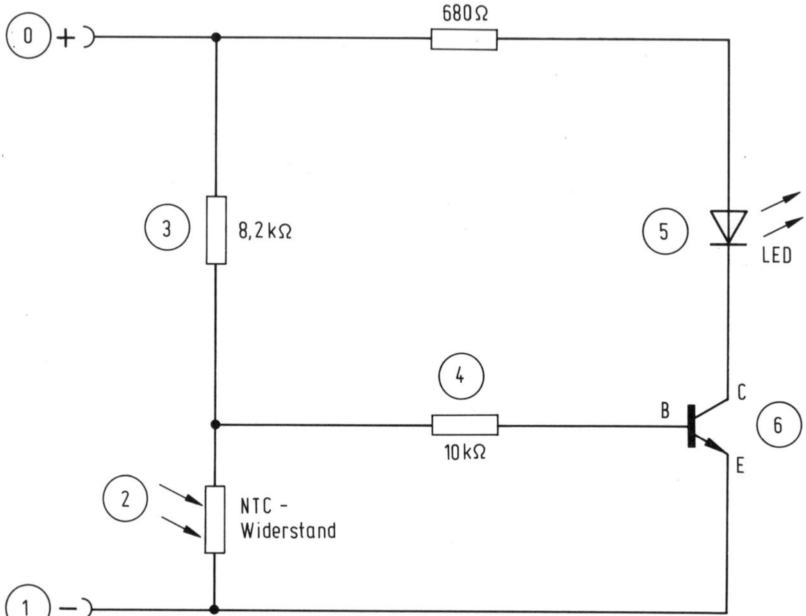

Abb. 27 Die Temperatur bestimmt den Widerstand. Für den Transistor wird ein BC 107 C oder ein äquivalenter Typ benutzt

aufleuchtet, der Transistor also einen Strom fließen läßt. Wird der NTC-Widerstand erhitzt, z. B. mit dem Lötkolben, so werden wir feststellen, daß der Transistor plötzlich abschaltet und die LED dunkel bleibt. In diesem Fall können wir sagen, es ist ein „Eiswarner". Benutzen wir dieselbe Schaltung als „Hitzewarner", so müssen wir den Widerstand Pos. 3 und den NTC Pos. 2 umtauschen. Also den NTC auf Pos. 3 legen und einen Widerstand auf Pos. 2. In diesem Fall wird die LED aufleuchten, wenn der NTC wärmer wird und erlöschen, wenn der NTC kälter wird. Wird der NTC-Widerstand nach Pos. 3 gelegt, also der Hitzewarner betrieben, dann ist zu ergänzen:

Zunächst einmal kann die Schaltung als Hitzewarner nur mit 6 Volt Betriebsspannung betrieben werden. Also z. B. mit einer 4,5-Volt-Batterie, welcher eine 1,5-Volt-Monozelle in Serie geschaltet wird. Oder aber auch notfalls mit einer einfachen 4,5-Volt-Batterie. Der Widerstand, der in Pos. 2 eingeschaltet wird, liegt in seinem Wert je nach benutztem NTC zwischen 33 bis 47 Ω. Die Schaltung ist dann so ausgelegt, daß bei Handwärme des

NTC-Widerstandes die LED nicht aufleuchtet. Wird der NTC erhitzt, z. B. ganz kurz ein Lötkolben drangehalten, so wird die LED aufleuchten. Somit kann dieser NTC-Widerstand auch an gefährdete Stellen eingebaut werden und immer dann, wenn dort eine zu hohe Temperatur entsteht, kann in einem anderen Raum die LED dieses signalisieren. Ergänzt werden soll aber noch einmal, daß die Schaltung als Hitzewarner nur mit einer Betriebsspannung von 6 Volt betrieben werden darf. Während im ersteren Falle, wo der NTC-Widerstand, wie die Abbildung es zeigt, unter Pos. 2 liegt, die Schaltung mit einer Spannung zwischen 4,5 … 14 Volt betrieben werden kann.

Eine Lichtsteuerung mit elektronischem Verstärker

● Die Funktion der Schaltung

Benutzt wird hier wieder ein LDR-Widerstand, ein Transistor BC 107 C und eine kleine Glühlampe, welche den jeweiligen Lichtzustand signalisiert. Ähnlich wie in der vorherigen Schaltung ist es auch hier möglich, den LDR Pos. 4 und den Widerstand Pos. 3 zu vertauschen.

Bleiben wir erst einmal bei der vorgegebenen Schaltung. Diese funktioniert jetzt so: Wenn der LDR-Widerstand Licht erhält, also Lichteinfall, dann

Zu Abb. 28

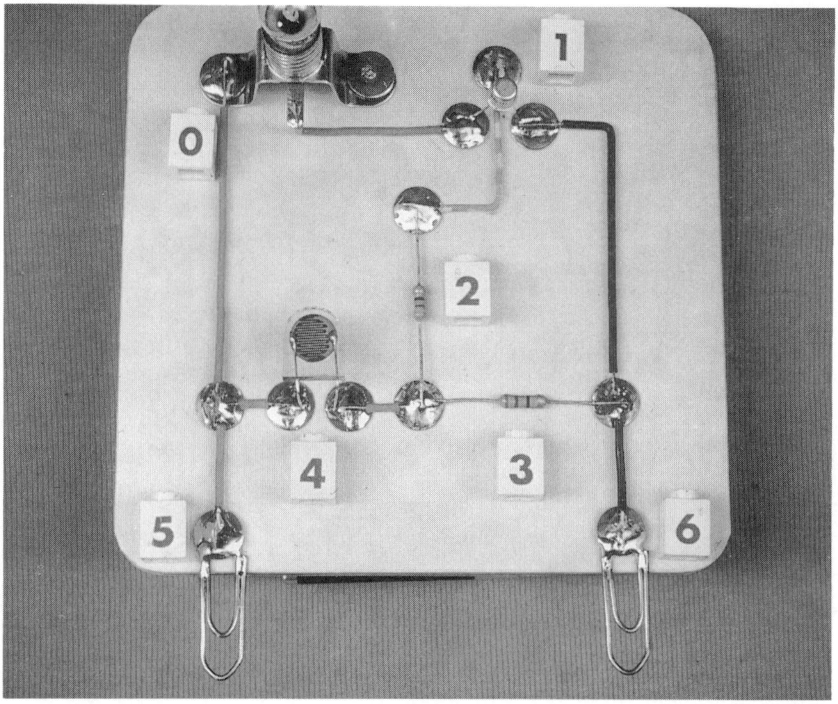

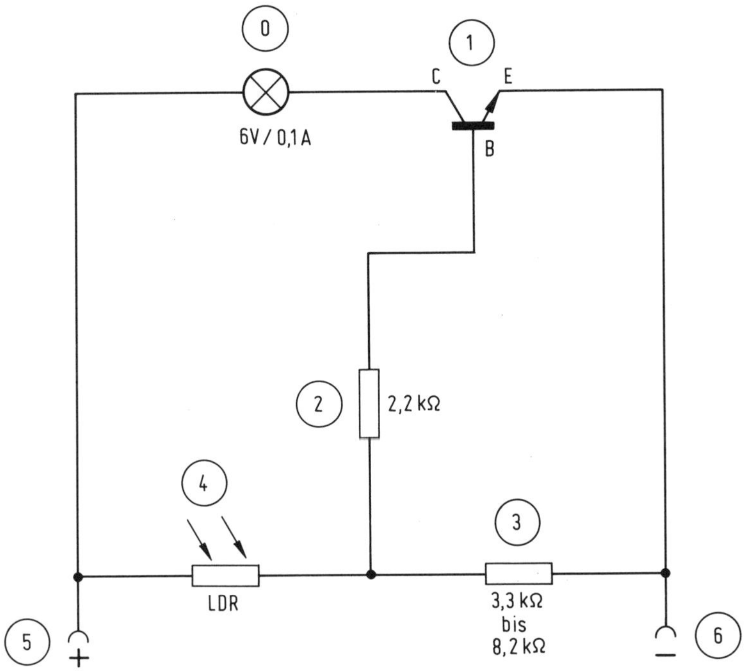

Abb. 28 Licht steuert den Transistor BC 107 C

wird die 6-Volt-Glühlampe aufleuchten. Erhält der LDR-Widerstand kein Licht, so erlischt auch die Glühlampe.

Wird im umgekehrten Fall der LDR-Widerstand als Pos. 3 geschaltet, und der Widerstand als Pos. 4, dann dreht sich die Funktion um. Erhält der LDR-Widerstand in diesem Falle Licht, so geht die Lampe 0 aus. Erhält er kein Licht, so schaltet sich die Lampe entsprechend ein. Auch hier kann der LDR-Widerstand wieder an einer weit entfernten Stelle über entsprechende Anschlußleitungen angeschlossen werden und wir können in einem beliebigen Raum dann feststellen, ob irgendwo Lichteinfall vorkommt oder nicht.

● Noch ein paar Erläuterungen

Die vorliegende Schaltung arbeitet mit einer Betriebsspannung zwischen 4,5 ... 6 Volt, also z. B. mit der Taschenlampenbatterie. Es ist als Pos. 3 ein Widerstandswert angegeben zwischen 3,3 ... 8,2 kΩ. Das müssen wir in der Praxis mal ausprobieren. Abhängig sind die möglichen Werte, z. B. auch 4,7 kΩ von der Größe des beschafften LDR-Widerstandes. Am besten, wir besorgen uns auch einen 4,7 kΩ und einen 5,6 kΩ, sowie den 3,3 kΩ und 8,2 kΩ Widerstand. Dann haben wir insgesamt vier Widerstände zum Ausprobieren und können mit Sicherheit ein richtiges Ergebnis erhalten.

Elektronisches Blinklicht – der Multivibrator

● Die Funktion der Schaltung

Der Multivibrator wird in der Elektronik dann benutzt, wenn die Erzeugung einer elektrischen Schwingung erforderlich ist. So z. B. bei einem Taktgenerator, in einem Mikrocomputer oder für den Ton einer elektronischen Orgel, oder aber auch als Meßfrequenz. Im vorliegenden Fall ist die Frequenz durch Wahl der Bauteile so niederfrequent aufgebaut, daß wir den Ablauf der Schwingung durch wechselseitiges Blinken der beiden Glühlampen erkennen können. Die Bauteile sind so gewählt, daß wir ca.

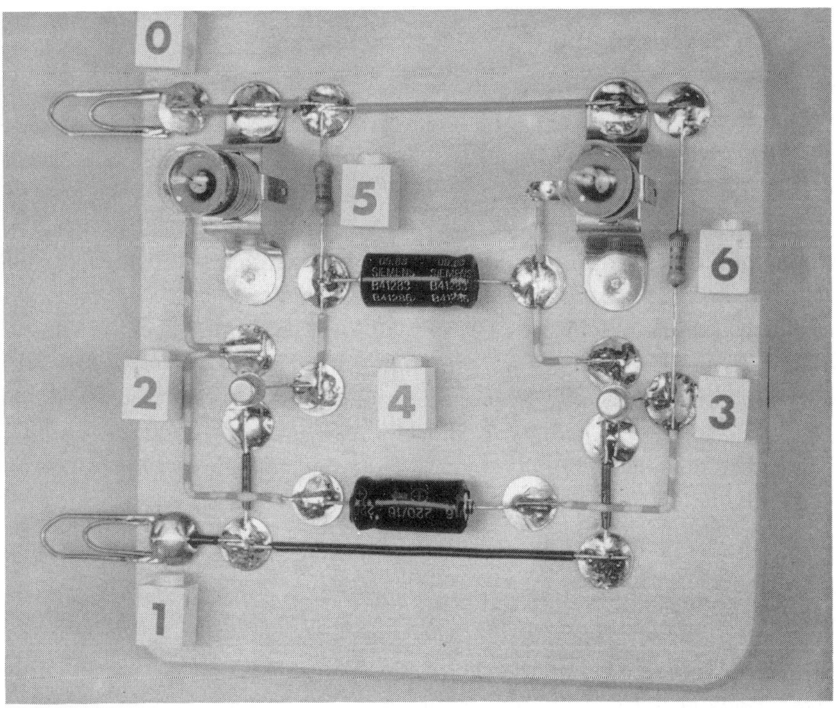

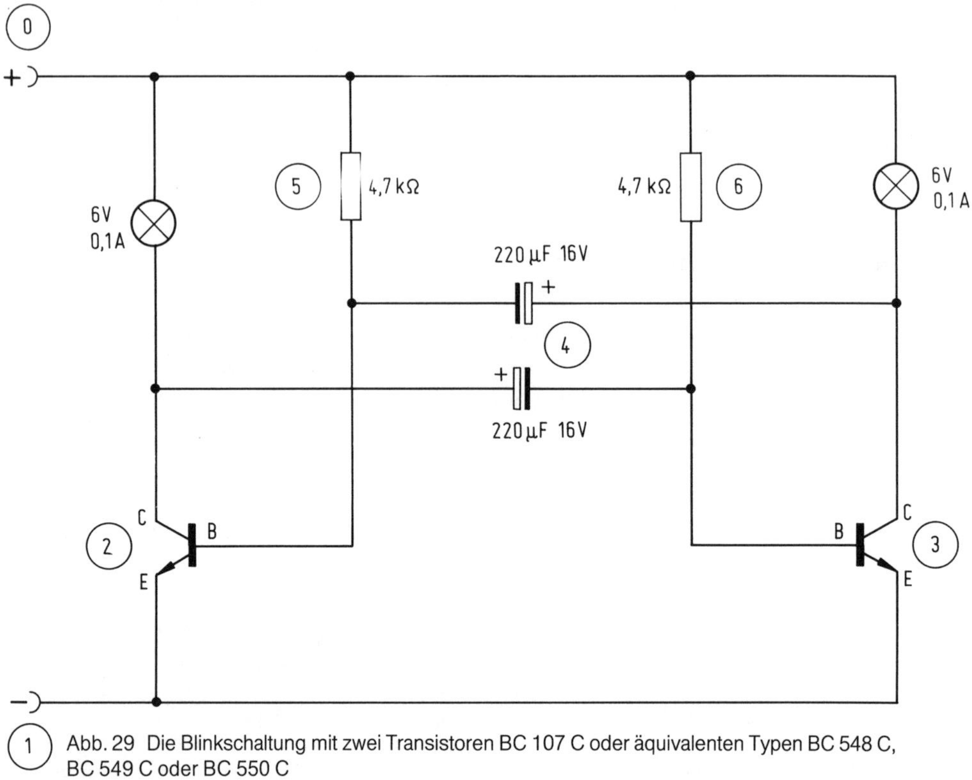

Abb. 29 Die Blinkschaltung mit zwei Transistoren BC 107 C oder äquivalenten Typen BC 548 C, BC 549 C oder BC 550 C

eine Blinkdauer von einer Sekunde für jede Glühlampe erreichen. Die Schwingung kommt durch wechselseitiges Aufladen der beiden Elektrolytkondensatoren unter 4 zustande. Wir hatten ja schon einmal einen Versuch mit Auf- und Entladungen vorgenommen. Und dieses wechselseitige Auf- und Entladen wird durch die Transistoren, die hier als elektronische Schalter arbeiten, bewerkstelligt. Somit ist diese Schaltung fast identisch mit der einfachen manuellen Betätigung des Lade- und Entladevorganges, den wir schon kennengelernt haben.

● Der Aufbau nach dem Schaltplan

Bei dem Aufbau müssen wir schon einiges beachten, und zwar das Wichtigste: die Polarität der Bauteile. Zunächst einmal wird an dem Anschlußpunkt 0 die positive Betriebsspannung und an dem Anschlußpunkt 1 die negative Betriebsspannung angelegt. Des weiteren ist es wichtig, daß die Transistoren 2 und 3 mit ihren Anschlüssen richtig in die Schaltung eingelötet werden und zuletzt darf nicht vergessen werden, daß auch die beiden Elektrolytkondensatoren mit der angegebenen Polung, nämlich jeweils dem Pluspol, am Kollektor je eines Transistors liegen.

● Ein paar Daten und Erläuterungen

Wir haben schon gelesen, daß die Blinkdauer der beiden Glühlampen je eine Sekunde beträgt. Jetzt ist es auch möglich, die Blinkdauer zu verändern. Wir benutzen hierzu einen weiteren 470-µF-Kondensator. Wenn wir diesen über einen der beiden vorhandenen Elektrolytkondensatoren legen, also parallel einlöten (Achtung, auch hier Polarität beachten!), so stellen wir fest, daß eine Lampe ca. 3 Sekunden aufleuchtet und die andere ca. 1 Sekunde. Machen wir jetzt folgendes: Wir löten einen 1 000-µF-Kondensator ein und stellen fest, eine Lampe leuchtet ca. 5 Sekunden und die andere ca. 1 Sekunde. Benutzen wir 2 Stück 1 000-µF-Kondensatoren für die beiden eingelöteten Kondensatoren unter 4, so stellen wir dann fest, daß beide Glühlampen gleichmäßig je ca. 5 Sekunden aufleuchten. Aber auch eine Verkürzung der Schaltzeiten ist zu erreichen, indem wir einfach einen 1-kΩ-Widerstand z. B. einmal parallel zu dem Widerstand 5 oder zu dem Widerstand 6 einlöten. Wir werden sehen, daß eine Glühlampe weiterhin ca. 1 Sekunde leuchtet, die andere aber weitaus kürzer, vielleicht nur 0,2 Sekunden.

Akustisches Lichtwarngerät

● Die Funktion der Schaltung

Eine ähnliche Schaltung, nämlich den Multivibrator, haben wir gerade eben kennengelernt. Wer sich diese Schaltung genau ansieht, wird feststellen, daß wiederum zwei Transistoren vorhanden sind. Diese beiden Transistoren sind ebenfalls mit zwei Kondensatoren verkoppelt, hier sind es 0,22 μF-Werte. Und auch die beiden Widerstände vom Kollektor zum positiven Spannungsversorgungspunkt, hier die Pos. 4, fehlen nicht. Wer sich das vorherige Bild bei dem Blinklicht-Multivibrator noch einmal ansieht, wird feststellen, daß die 1-kΩ-Widerstände am Kollektor dort durch den Widerstand der 6-Volt-Glühlampe gebildet wurden. Am Ausgang vom Transistor 2 kann an den Buchsen 6 und 7 das Multivibrator-Signal, das Schwing-Signal – also eine Tonfrequenz –, über einen Kopfhörer oder über den Lautsprecher mit Transformator abgenommen werden. Auch hier soll darauf hingewiesen werden, daß sowohl der Kopfhörer als auch der Lautsprecher-Trafo einen Widerstand von mehr als 1 kΩ aufweisen sollen. Das Potentiometer 3 kann die Tonhöhe verändern. Ebenso wird jetzt aber die Tonhöhe durch den LDR-Widerstand, hier Pos. 0, beeinflußt. Je nachdem, ob Licht auf den LDR-Widerstand fällt, und wieviel vor allen Dingen, wird der Ton höher oder niedriger werden. Wird z. B. eine Glühlampe, eine Taschenlampe, auf den LDR gerichtet und bewegt man sich in dem Lichtstrahl zwischen der Taschenlampe und dem LDR, so wird man feststellen, daß sich die Tonhöhe beim Durchwandern dieser Lichtschranke sehr stark verändert.

● Der Aufbau nach dem Schaltplan

In der etwas umfangreicheren Schaltung, die wir in dem Foto erkennen, sind die Pos. 0 bis 7 gewählt worden. Wir können diese einzelnen Bauelemente im Schaltplan alle genau wiedererkennen. Es wird hier noch einmal

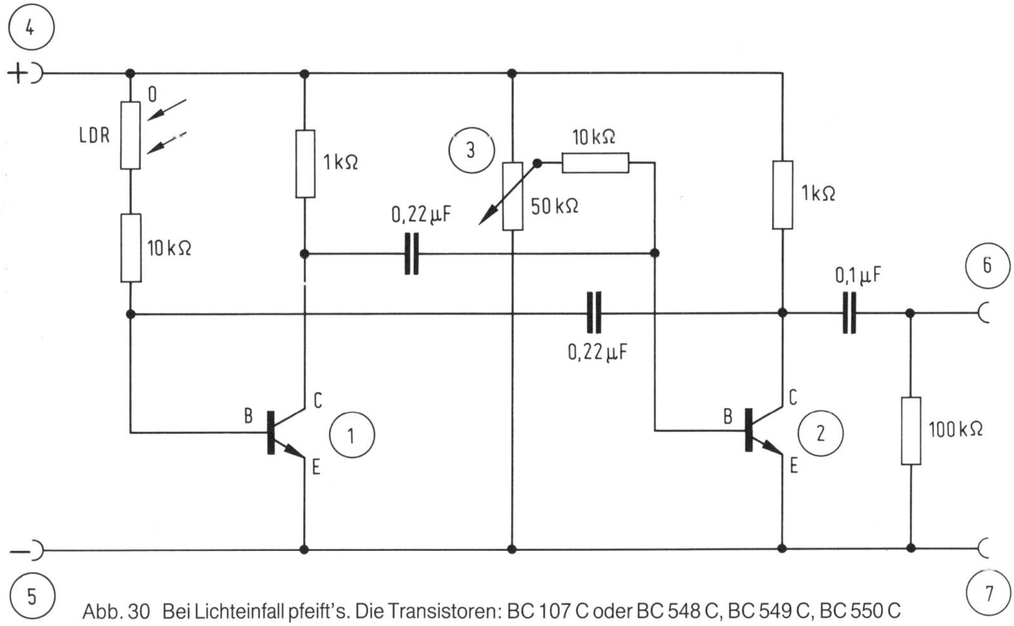

Abb. 30 Bei Lichteinfall pfeift's. Die Transistoren: BC 107 C oder BC 548 C, BC 549 C, BC 550 C

darauf hingewiesen, daß die Betriebsspannung an dem Punkt 5 Minuspol und an dem Punkt 4 Pluspol angeschlossen wird. Die Betriebsspannung kann zwischen 4,5 ... 14 Volt liegen. Wem die Tonhöhe nicht zusagt, der kann auch die beiden 0,22-μF-Kondensatoren ändern. Und zwar auf Werte von 0,1 μF oder z. B. je 10 nF. Das bedeutet, daß der Ton dann entsprechend höher wird. Das ist auch schon gleichzeitig ein kleiner Einblick in die Elektronik, wo durch Bauteileänderungen die Schwingfrequenz bei einem Multivibrator beeinflußt wird.

Elektronische Spannungsregelung für die vorherigen Versuche

● Die Funktion der Schaltung

In der Elektronik wird sehr häufig von einer vorhandenen Spannungsquelle über einen Transistorregelkreis diese Spannung verkleinert. In der Schaltung hat das Potentiometer 3 auf die Ausgangsspannung einen Einfluß. Es ist möglich, die Spannung von ca. 0 Volt bis 12,5 Volt zu regeln, wenn die Betriebsspannung an den Punkten 6 und 7 mit 14 Volt angelegt wird. Die Ausgangsspannung kann an den Klemmen 8 und 9 abgegriffen werden. Diese Schaltung eignet sich sehr gut für die vorherigen kleinen Versuchs-

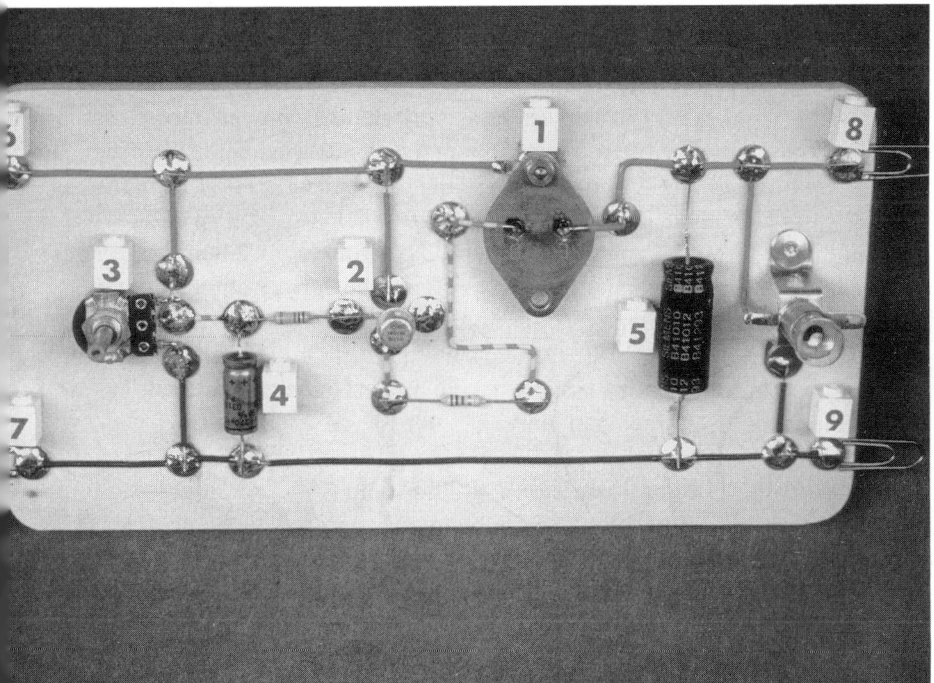

Elektronische Spannungsregelung für die vorherigen Versuche

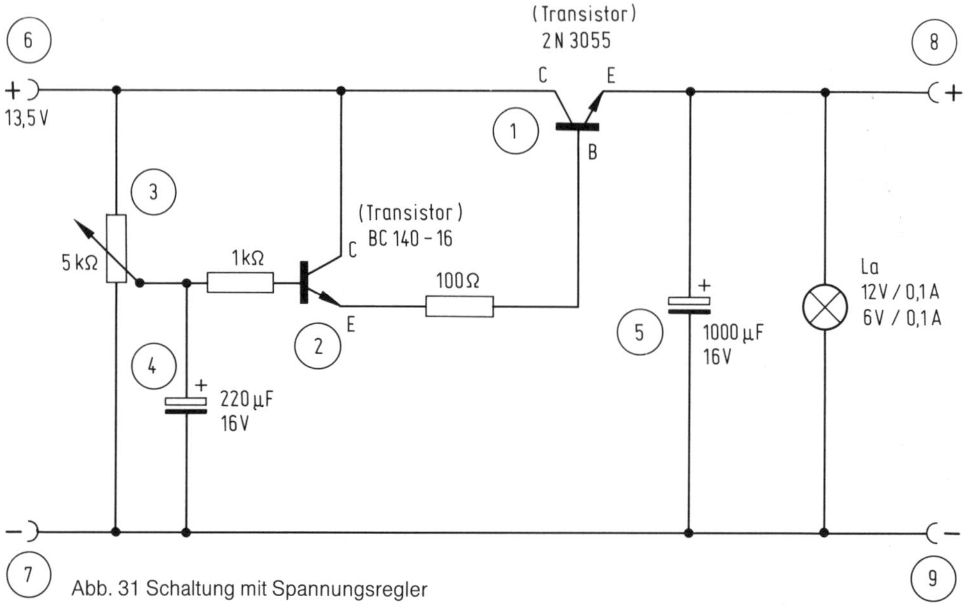

Abb. 31 Schaltung mit Spannungsregler

schaltungen, um festzustellen, wie Spannungsänderungen sich jeweils auf die Schaltungsfunktionen auswirken. Etwas problematisch ist es sicherlich, mit dem Potentiometer 3 die richtige Spannung am Ausgang 8 und 9 einzustellen, wenn man kein Voltmeter hat. Hier ist aber eine Hilfe insofern möglich, als daß man die Glühlampe einmal mit einem 6-Volt-Typ und einmal mit einem 12-Volt-Typ bestückt. Man kann dann in etwa beim hellen Licht der 6 Volt/0,1 A-Glühlampe die 6 Volt abschätzen. Dreht man dann die 12 Volt/0,1 A-Glühlampe ein, so brennt diese dunkel ... das entspricht den vorher geschätzten 6 Volt. Das Potentiometer läßt die Lampe heller leuchten, bis ca. 12 Volt – vorausgesetzt, die drei in Reihe geschalteten Taschenlampenbatterien sind nicht leer.

Ein Sonderbauteil ist der Transistor 2 N 3055. Sein Kollektoranschluß ist sein Metallgehäuse. Eine 3-mm-Schraube mit Mutter und die Schlaufe eines kleinen Kupferdrahtes bilden den Anschluß. Der Transistor BC 140-16 – Detail 2 – steuert den Leistungstransistor an. Die Zusammenschaltung dieser beiden Transistoren nennt der Profi „Darlingtonschaltung“. Der Steuerstrom im Basiskreis von Transistor 2 ist hier rund 500mal kleiner als der Ausgangsstrom des Transistors 1. Wir wollen das einmal überdenken.

Wenn eine Versuchsschaltung 0,1 Ampere benötigt, so ist der Steuerstrom dafür nur $\frac{0{,}1\,\text{A}}{500} = 200\,\mu\text{A}$ (0,0002 Ampere). Das wirkt wie eine Art Hebelübersetzung, bei der auf der einen Seite eine Kraft von 0,1 kg durch ein kleines Gewicht von 0,0002 kg (0,2 Gramm) auf der anderen Hebelseite in der Waage gehalten werden.

Bei dem Aufbau achten wir auf die richtige Polung der Batterie und der Elektrolytkondensatoren – auch die Transistoranschlüsse sollen nicht vertauscht werden.

Sachverzeichnis